建筑业企业 BIM 应用分析暨数字建筑发展展望（2018）

本书编委会　著

中国建筑工业出版社

图书在版编目（CIP）数据

建筑业企业BIM应用分析暨数字建筑发展展望（2018）/《建筑业企业BIM应用分析暨数字建筑发展展望（2018）》编委会著.—北京：中国建筑工业出版社，2018.10
ISBN 978-7-112-22725-9

Ⅰ.①建… Ⅱ.①建… Ⅲ.①建筑设计-计算机辅助设计-应用软件-研究报告-中国-2018 Ⅳ.①TU201.4

中国版本图书馆CIP数据核字（2018）第218604号

责任编辑：付 娇 王 磊
责任校对：焦 乐

建筑业企业BIM应用分析暨数字建筑发展展望（2018）
本书编委会 著
*
中国建筑工业出版社出版、发行（北京海淀三里河路9号）
各地新华书店、建筑书店经销
北京佳捷真科技发展有限公司制版
北京建筑工业印刷厂印刷
*
开本：787×1092毫米 1/16 印张：8 字数：181千字
2018年10月第一版 2018年10月第一次印刷
定价：**25.00**元
ISBN 978-7-112-22725-9
（32827）

本书编委会

顾　　问：

王铁宏　吴慧娟　肖绪文　吴　涛

主任委员：

刘宇林　袁正刚　许杰峰　王秀兰

副主任委员：

王凤起　李　菲　王兴龙　崔旭旺　赵　静

审查专家：

马智亮　陈　浩　汪少山　姚守俨　李卫军　李云贵
王清明　金德伟

编写组成员：

王凤起　陈鲁遥　陈晓峰　楚仲国　崔旭旺　董文祥
高明杰　黄锰钢　姜树仁　蒋　艺　焦明明　李秋丹
李　全　刘莎莎　吕　振　马香明　穆洪星　彭书凝
齐　馨　乔　磊　任世朋　万小军　王鹏翊　王　侠
王兴龙　魏昌智　武煜晖　肖丽娜　徐　青　许立山
杨　铭　杨泽亮　姚玉荣　应春颖　于　科　喻太祥
曾　勃　张继鲁　张晓臣　赵　静　赵文钰　周千帆

主 编 单 位：

中国建筑业协会

广联达科技股份有限公司

参 编 单 位：

中建八局第一建设有限公司

序　一

十九大报告指出，要推动互联网、大数据、人工智能和实体经济深度融合。要大力改造提升传统产业，建设数字中国。

建筑业是我国国民经济的重要支柱产业，2017 年全国建筑业总产值 21.4 万亿元，从业者超过 5500 万人。2017 年全球超高层建筑中有一半在中国。我国建筑业将引领世界建筑业发展方向是不以人的意志为转移的。

BIM 技术是当前数字建筑业中最基础性的应用，被认为是继 CAD 之后，建筑业的第二场“科技革命”，也是建筑产业信息化的重要抓手。BIM 技术可以加强对装配式建筑全过程的指导以及服务推广。通过建筑工业化与信息化的共振，也将建筑业转型升级带入“重技术”的新时代。

在我国现阶段，可以说 BIM 技术在施工阶段的应用水平已和世界接轨，价值呈现日渐明显，BIM 技术也已经成为提升项目精细化管理的核心竞争力。但是 BIM 对建筑业来说毕竟还是新生事物，大家对 BIM 价值的认识还不够充分，还有许多困惑。BIM 技术发展中的主要问题有两个方面，一方面由于我国房屋和市政基础设施建筑市场一直沿用计划经济条件下的设计和施工分割模式，客观上限制了其优化和创新动因，没有形成“花自己的钱办自己的事”“交钥匙”的真正总包方；另一方面是发展不平衡，确有许多 BIM 技术应用的成功范例，甚至在国际上都处于领先地位，但大多数设计、施工单位由于前述原因还处于“要我搞”“应景式”阶段。以上两方面问题都是市场体制造成的，根本原因在于市场模式。

无论是建筑产业现代化的推动，还是 BIM 技术的创新应用，都需要更好地发挥政府、市场、社会组织三大支柱的作用。除了政府做好顶层设计和政策引导，市场主体发挥主观能动性和创造性外，还需要积极发挥行业协会组织的引领与推广作用。一方面促进政府和市场的良性互动，把市场的真实情况向上反映；另一方面组织企业间交流学习，拓展企业的视野和管理水平；同时，积极参与行业标准制定和课题研究，助力建筑业更良性发展，这一切都还需要我们积极探索。本次由中国建筑业协会和广联达公司共同编制的《建筑业企业 BIM 应用分析暨数字建筑发展展望（2018）》，即为我们推广 BIM 技术应用积极努力的尝试，通过推广行业创新实践和专家视点，让更多的人了解 BIM、应用和创新 BIM，同时开始对推动数字建筑和数字建筑业进行有益的探索。

《建筑业企业 BIM 应用分析暨数字建筑发展展望（2018）》通过对 BIM 技术在国内的应用现状调查、分析与总结，结合建筑业 BIM 技术的环境，逐点展开论述，邀请从事 BIM 相关研究的行业专家以及来自不同岗位的应用实践者，从 BIM 实践出发以不同视角对 BIM 应用方法作出总结，并展示各种类型的典型 BIM 应用案例。《报告》通过了由中国工程院院士肖绪文、中国建筑科学研究院有限责任公司总经理许杰峰等七位业内知名专家组成的评审组的评审，院士和专家们在听取编写组的汇报后，经过质询和讨论，提出了很多宝贵的建议，认为本报告以数据分析、案例分析的形式，对当前建筑业企业应用 BIM 的现状、特点和有关困扰因素，提出了 BIM 的发展思路和对策，具有可操作性，对建筑业企业的 BIM 应用实践有很好的借鉴作用。

BIM 技术的推广应用是我国建筑信息化的基础，同时也是推动建筑产业数字化转型的重要支撑。相信本报告的发布将会引发行业内有识之士的更多深入思考，也将吸引更多的 BIM 的从业者和爱好者！根据中央制定的关于“两个一百年”的宏伟目标，建筑业在全面建成小康社会、实现中华民族伟大复兴的中国梦中责任重大，让我们广大建筑业同行共同努力前行。

中国建筑业协会会长
住房和城乡建设部原总工程师

序　二

建筑业面临的困难很多，在以前高速发展的时候很多问题被掩盖，而到了行业发展速度减慢的最近几年，积累的问题在逐渐暴露。问题多不可怕，怕的是我们回避和忽视。其他行业（如汽车行业，工程机械行业等）面对困境的发展经验表明，加大科技投入，用新技术改变生产力水平，可以提高行业和企业的竞争力。

建筑业可以借用科技手段来推动产业转型升级。借助BIM技术、云技术、大数据、物联网、移动互联网、人工智能等新技术在行业内的深入应用，利用数字建筑为整个行业提供了向前发展的契机。各种新技术不断涌现，如何系统考虑新技术与管理变革的融合，数字建筑的提出很好地解决了这个问题。此书对数字建筑也进行了深入的剖析，让我们对数字化变革的全貌有一个充分的认识。BIM是数字建筑的核心内容，BIM在企业管理战略中的重要性如何，推动力度如何，应用程度如何，将直接影响企业的数字化变革进程。如果缺乏BIM的落地应用，就会造成企业整体的信息化缺乏真实和详细的数据来源，难以准确度量各个项目和各个分包的真实管理水准。

目前，BIM技术在国内施工阶段的应用水平已逐步和世界接轨，价值呈现日渐明显，BIM技术也被认为是提升施工项目精细化管理的核心竞争力。在过去的两年中，广联达连续参与编写了建筑业BIM应用报告，在调研过程中也深刻感受到了BIM技术的迅猛发展。随着BIM应用环境的不断完善，BIM产品的逐步成熟，BIM应用的价值逐步显现，呈现出以施工阶段为重点的全生命期扩展应用、全面管理融合应用的发展方向。

在近两年BIM应用报告的调研结果，以及对建筑业企业的走访中我们都能发现，BIM技术的应用呈现出三个新的趋势，即从技术管理应用转向全面管理应用；从施工阶段应用转向全生命期应用；从项目层应用转向企业全面应用。当然，意识和习惯的转变是推进BIM技术在企业中落地和价值实现的关键，在实践中学习是实现这一转变的最有效途径。同时，在应用中可以不断总结出符合企业现状和需求的方法与套路，从而在这一轮技术革命中真正实现项目全过程信息的原始积累，为后续的企业真正发展精细化管理、集约化经营提供管理能力上的支撑。

当然，也还是有一些企业在推广和落地BIM上存在问题。有浅尝辄止，觉得BIM的价值不明显；有停留在个别样板项目上，不愿大规模推广，认为BIM的宣传价值大于实际应用价值；有停留在建模上，觉得先把模型建好了，再考虑应用。这些现象的背后，实质是对BIM的认识不足，没有从战略层面，从公司长期发展角度去重视和坚持。欣慰的是，本书有很多真正落地的案例，可以给我们心存疑虑的读者以启发。我们相信，这样好的案例会越来越多。有一部分企业因为选择了相信 BIM 的战略意义，所以坚持不懈地推广，取得了很好的效益。我们相信这样的企业也会越来越多。

BIM 技术对当前建筑行业尤其是施工环节的发展具有极其重要的作用。BIM 技术的推广应用是我国建筑信息化的基础，同时也是推动建筑产业数字化转型的重要支撑。我们相信此报告的推出将会引发行业内有识之士的进一步深入思考，也必将吸引更多的从业者加入到这个事业中来！

广联达科技股份有限公司总裁

目　录

第 1 章　建筑业 BIM 技术应用现状分析

1.1　建筑业 BIM 应用情况

1.1.1　建筑业 BIM 应用的背景

在中国经济步入新常态的大背景下，数字信息技术的加速创新和深化应用成为了经济社会转型升级的巨大内生动力。作为面临转型升级的传统产业，建筑业迎来了数字时代，建筑业的数字化发展也将成为产业转型升级的核心引擎。据统计，我国 2017 年建筑产业的总产值达到了 21.4 万亿元，而建筑业的平均利润率却只有 3%左右，建筑业呈现大而不强、发展方式粗放的现状。能耗高、污染大、效率低等问题普遍存在，质量安全事故也时有发生。不仅仅是中国，全球建筑业同样面临水平落后的窘境。以欧美发达国家为例，大型投资项目通常会有 20%延期，80%以上的项目会超出预算。这些问题的存在与行业的科技投入和应用水平低有很大关系。麦肯锡全球研究院的一项调查也说明了这一点：建筑行业的科技研发投入不到 1%，远远落后于汽车业的 3.5%、航空业的 4.5%。信息技术的投入同样如此，建筑行业数字化水平仅高于农业，位列所有产业倒数第二。因此，建筑业到了必须有大变革的时刻，急需用科技手段来推动产业转型升级。

我国建筑业存在上下游产业链长、参建各方众多、投资周期长、不确定性和风险程度高等众多因素，更加强调资源的整合与业务的协同。而 BIM 技术在加快进度、节约成本、保证质量等方面均可以发挥巨大价值。BIM 技术的应用可以提高工程项目管理水平与生产效率，项目管理从沟通、协作、预控等方面都可以得到极大的加强，方便参建各方人员基于统一的 BIM 模型进行沟通协调与协同工作。利用 BIM 技术可以提升工程质量，保证执行过程中造价的快速确定、控制设计变更、减少返工、降低成本，并能大大降低招标与合同执行的风险。同时，BIM 技术应用可以为信息管理系统提供及时、有效、真实的数据支撑。BIM 模型提供了贯穿项目始终的数据库，实现了工程项目全生命期数据的集成与整合，并有效支撑了管理信息系统的运行与分析，实现项目与企业管理信息化的有效结合。因此，BIM 技术的应用与推广必将为建筑业的科技创新与生产力提高带来巨大价值。

随着 BIM 应用环境的不断完善，BIM 产品的逐步成熟，BIM 应用的价值逐步显现，BIM 应用正在进入到 BIM3.0[1] 阶段。在此发展阶段，BIM 技术在施工过程中的应用仍然是全行业中应用深度最深、价值体现最明显的，并且利用 BIM 技术解决施工过程中的管理问题效果显著。

1.1.2 建筑业 BIM 应用的环境

近些年，我国在推进 BIM 技术发展方面获得了长足进展，也为建筑企业 BIM 应用提供了良好的土壤。其中，可以从政策环境和需求环境两个方面进行详细分析。

从政策层面看，为了提升工程项目的管理能力，政府以及行政管理机构对 BIM 技术发展的重视程度之大可见一斑。2011 年 5 月 10 日，住房和城乡建设部下发了《2011—2015 年建筑业信息化发展纲要》，把 BIM 作为支撑行业产业升级的核心技术重点发展。2015 年 6 月 16 日，住房和城乡建设部下发的《关于推进建筑信息模型应用的指导意见》非常细致地指出了涉及建筑业的单位应用 BIM 的探索方向，阐述了 BIM 的应用意义、基本原则、发展目标、发展重点等。2016 年 8 月 23 日，住房和城乡建设部下发的《2016—2020 年建筑业信息化发展纲要》中前后一共 28 次提到了 BIM 一词，特别强调了 BIM 与大数据、智能化、移动通信、云计算、物联网等信息技术的集成应用能力。2017 年 2 月 21 日，国务院下发的《国务院办公厅关于促进建筑业持续健康发展的意见》中，提出积极支持建筑业科研工作，提高技术创新对产业发展的贡献率，加快推进建筑信息模型（BIM）技术在规划、勘察、设计、施工和运营维护全过程的集成应用，实现工程建设项目全生命期数据共享和信息化管理，为项目方案优化和科学决策提供依据。此外，住房和城乡建设部还相继发布了《建筑信息模型应用统一标准》GB/T 51212—2016 和《建筑信息模型施工应用标准》GB/T 51235—2017，并分别于 2017 年 7 月 1 日和 2018 年 1 月 1 日正式实行，从标准的层面上为推动 BIM 技术的发展、指导企业的 BIM 应用起到关键作用。除国家级层面外，各地方政府也相继出台了相关的 BIM 政策和标准，并在全国多个地区开设了省市级 BIM 发展联盟，在各层级上都为实现 BIM 技术的应用落地提供了支撑。

从需求层面看，现阶段我国建筑企业在管理方面面临的最普遍的问题就是项目数据和企业数据互不相通，企业要想真正实现项目的精益管理举步维艰。施工过程中，项目管理者之间的工程数据流通不及时、不准确、不高效，导致工期延误、工程质量无法得以保证。企业没有云存储技术，当相关人员想要获取某些数据时，不能及时得到，只能通过邮件传递，而在信息传递过程中主管篡改数据现象普遍，不能保证数据的有效性与真实性。要解决项目管理中的种种顽疾，就需要新理念以及新技术的支撑，能够有效帮助建筑企业实现精细化管理和集约化经营，使企业真正

[1] BIM3.0 是以施工阶段应用为核心，BIM 技术与管理全面融合的拓展应用阶段，它标志着 BIM 应用从理性走向攀升。BIM3.0 阶段主要呈现出三大特征：从施工技术管理应用向施工全面管理应用拓展、从项目现场管理向施工企业经营管理延伸、从施工阶段应用向建筑全生命期辐射。

实现全过程的数字化。值得一提的是，麦肯锡国际研究院在《想象建筑业数字化未来》中提出了引领未来建筑业变革及发展的五大数字化技术，以5D建筑信息模型（BIM）为代表的新技术也位列其中。可以说BIM技术是引领建筑业信息化建设走向更高水平的核心手段，BIM技术的全面应用将大大提升工程项目的质量与效率，促进项目的精益管理，加快行业的发展步伐，为建筑行业的科技进步产生不可估量的推进作用。

1.1.3　建筑业BIM应用的发展

目前，我国的BIM技术应用仍然处于发展初期，还远达不到普及应用的程度，无论是BIM相关标准，还是BIM人才储备，或是BIM技术应用模式都有很多问题需要不断完善。同时，我们也能够感受到在过去几年的时间里，BIM技术在工程建设领域的发展速度迅猛，BIM技术的研究、BIM标准的制定以及BIM工程的实践不断增多，无不反映出BIM技术经历着从概念到快速发展乃至广泛应用的过程。

现阶段，BIM技术的发展呈现出从聚焦设计阶段向施工阶段深化应用转变的趋势。施工过程中的业务远远要比设计阶段复杂。所以，要想保证施工阶段各工作环节的顺利进行，更加需要对BIM技术进行深入应用。我国建筑业经历了30多年的高速发展，但由于工程项目自身的复杂性，其管理水平仍然比较落后。在过去几年的发展过程中，BIM技术还是以单点的技术应用为主要应用方式，但随着发展的不断成熟，BIM技术逐渐成为解决包括成本管理、进度管理、质量管理等项目上管理问题的最有效手段之一，其应用重心也从单点技术应用向项目管理应用方向逐步过渡。据《中国建设行业施工BIM应用分析报告（2017）》调查显示，64.8%的建筑企业在已开工的项目中使用BIM技术，并且呈现BIM应用点越来越多、应用程度越来越深的趋势。其中，部分企业已经建立了BIM中心等相关组织，为开展项目层面的规模化应用推广提供了支持。另外，随着物联网、移动应用等新的客户端技术的迅速发展与普及，满足了工程现场数据和信息的实时采集、高效分析、及时发布和随时获取，进而形成了“云加端”的应用模式。这种基于网络的多方协同应用方式与BIM技术集成应用，形成优势互补，为实现工地现场不同参与者之间的实时协同与共享以及对现场管理过程的实时监控都起到了显著的作用。可见建筑企业对BIM技术的实际应用需求和范围在不断扩大，并呈现出明显的上升趋势。

在BIM技术的发展过程中，举办BIM大赛无疑是推进BIM技术应用的最有效手段之一。大赛是建筑业BIM推广及应用成果的一次集中展示，总结分享BIM技术的应用方法和成果，培养BIM技术应用人才、树立标杆，激励企业争先创新，强化企业核心竞争力，对深入推动行业广泛应用BIM技术起到了重要作用。据统计，2017年国内与BIM技术相关的大赛已经超过了20个，其中10个以上的省市都举办了当地的BIM大赛，大多数城市的参赛项目已经超过了2013年全国BIM大赛的项目，可见BIM大赛的举办推动了建筑企业BIM应用的发展。

其中，中国建筑业协会主办的中国建设工程 BIM 大赛在全国建筑企业中是最具影响力的 BIM 大赛之一。该大赛已经成功举办了三届，是专业权威的全国性 BIM 大赛代表，评选作品来自于各省级 BIM 大赛中的优秀成果，代表了国内 BIM 应用的领先水平。在下一章节的调查中，编写组针对前三届中国建设工程 BIM 大赛的参赛企业进行了调查，用于分析现阶段我国 BIM 应用的发展状况。

1.2 建筑业 BIM 应用调查与分析

1.2.1 建筑业 BIM 应用调查概述

为全面、客观地反映 BIM 技术在中国建筑行业的应用情况，本报告编写组向全国建筑企业进行针对 BIM 应用情况的调查。本章节主要呈现本次调查的结果与分析，针对调查数据和发现的客观事实进行描述，并对调查结果展开详细分析。

本次调查共收到有效问卷 626 份。问卷调查对象以三届中国建设工程 BIM 大赛参赛人员为主，覆盖岗位涉及企业主要负责人、部门负责人、BIM 中心负责人、BIM 中心技术人员、项目经理、总工程师、技术人员等。从受访者岗位类别可以看出，调查覆盖了企业各相关层级。

本次调查旨在根据受访者的不同角色，了解各类被调查对象的 BIM 应用情况以及对 BIM 应用发展趋势的判断情况。同时题目还涵盖了企业、项目、岗位各层级的问题，希望能够更加全面地反映施工阶段不同层级项目管理以及 BIM 技术应用的真实情况。

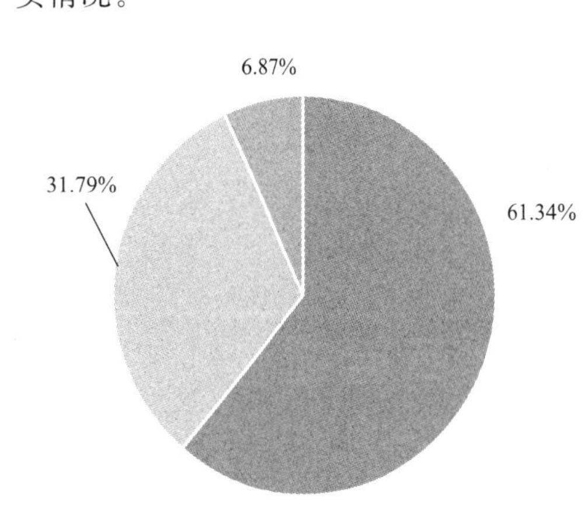

图 1-1　被调查对象企业资质情况

参与本次调查的人员所在单位类型包括施工总承包单位、专业承包单位、施工劳务单位、咨询单位等。

进一步的统计表明，在施工总承包单位的被调查对象中，特级资质企业占比最多，达 61.34%；其次是一级资质企业，占比 31.79%；二级资质企业占 6.87%，如图 1-1 所示。从单位类型来看，本次调查对象更多来自施工总承包单位，有 575 人次，其中 90%以上的受访者均来自特级或一级资质的施工总承包单位。

本次被调查对象的工作角色以 BIM 中心人员和管理层人员为主，按照公司岗位划分，集团/分公司 BIM 中心主任/负责人、集团/分公司部门负责人和集团/分公司 BIM 中心技术人员位列前三，分别占 27.96%、15.81%、15.34%，如图 1-2 所示。

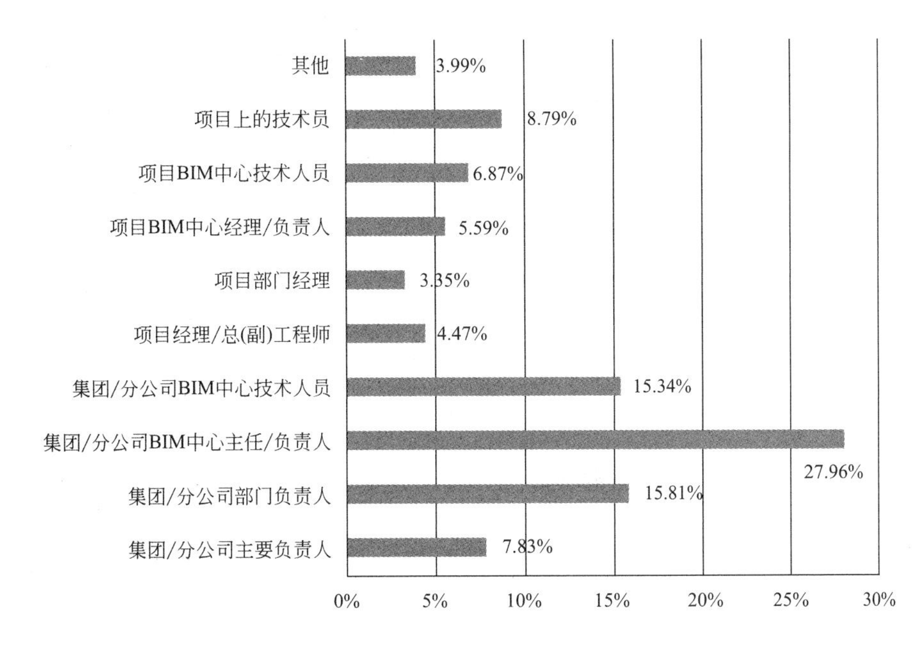

图 1-2　被调查对象岗位情况

统计结果显示，被调查对象中工作年限在 15 年以上的人员有 168 人，占 26.84%；11～15 年工作经验的有 99 人，占 15.81%；拥有 6～10 年工作经验的有 156 人，占 24.92%；3～5 年工作经验的有 115 人，占 18.37%；工作年限在 3 年以下的有 88 人，占 14.06%，如图 1-3 所示。由此可见，在本次调研中，参与调查的对象在工作年限上分布相对均衡。

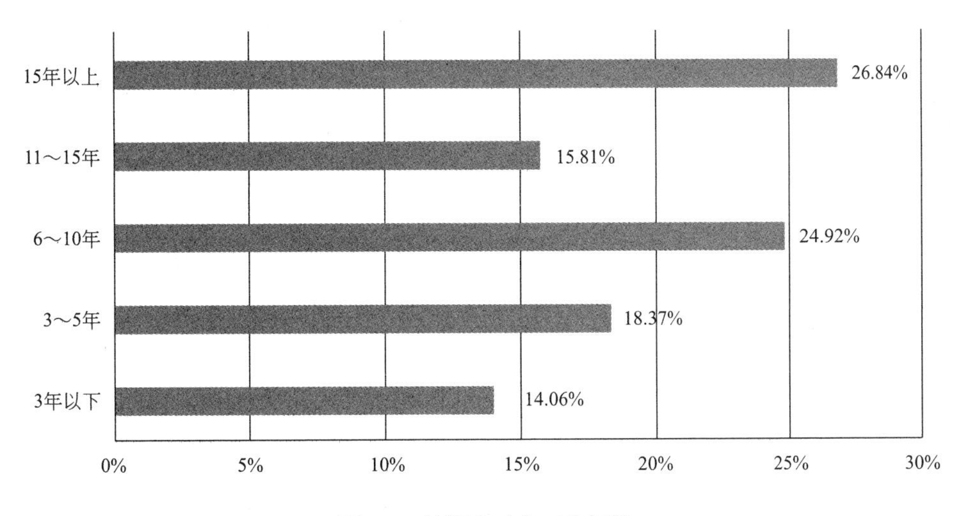

图 1-3　被调查对象工作年限

综上所述，参与本次调研的被调查对象以施工总承包单位为主，其中又以总承包企业中的特、一级企业居多；工作角色方面则以管理层人员为主，实操层人员为辅；从地域分布情况以及工作年限来看，被调查对象的分布相对均衡。

1.2.2 建筑业 BIM 应用现状

从企业 BIM 应用的时间上看，已应用 3～5 年的比例最高，达到 34.35%；其次是应用 1～2 年的企业，占 25.24%；已应用 5 年以上的企业有 19.33%；应用不到 1 年的企业占比最少，只有 13.9%，如图 1-4 所示。从不同类型企业上看，有企业资质越高，BIM 技术应用时间越长的趋势。其中，特级企业 BIM 的应用时间明显长于其他类型企业，特级企业应用时间超过 3 年的比例已超过半数，高达 67.44%。

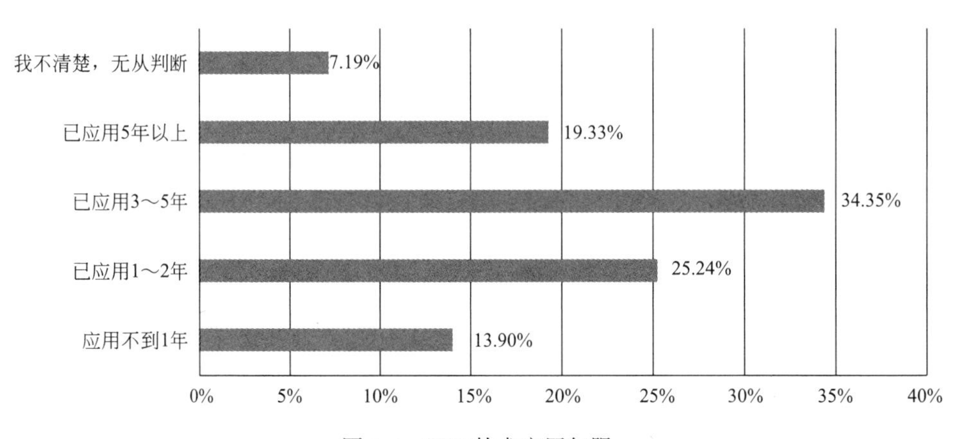

图 1-4 BIM 技术应用年限

从企业应用 BIM 技术的项目数量来看，大多数企业开展 BIM 技术应用的项目数量并不多，有 46.65%的企业使用 BIM 技术开工数量在 10 个以下，项目开工量在 10～20 个的企业占 21.57%，如图 1-5 所示。值得一提的是，其中有 7.99%的企业项目开工量在 50 个以上，可见已经有一部分企业在 BIM 应用发展上走在了前面。此外，详细数据

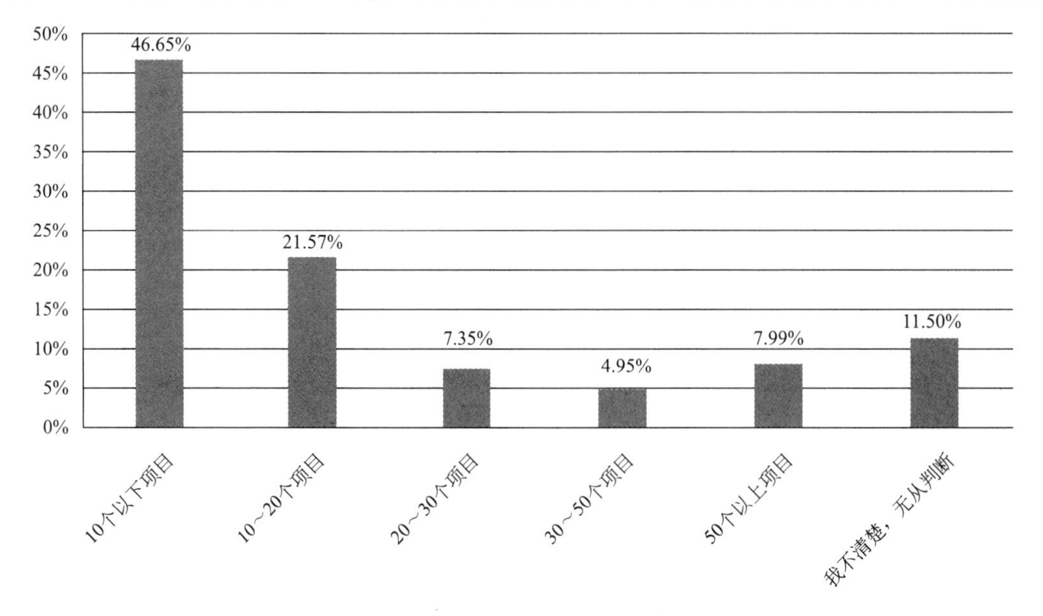

图 1-5 应用 BIM 技术的项目情况

显示，特级资质企业应用 BIM 技术的项目开工数量远高于其他类型企业，更是有 11.72%的特级企业应用 BIM 技术的项目数量超过 50 个。

根据调查，有 24.60%的企业参与中国建设工程 BIM 大赛的项目达到 5 个以上，16.77%的企业获奖项目超过 5 个。在进一步调研中我们发现，提升企业品牌形象是企业参加中国建设工程 BIM 大赛的最大收获，占 76.52%；其次是提高施工组织合理性和提高工程质量，分别占 52.72%和 33.23%，如图 1-6 所示。

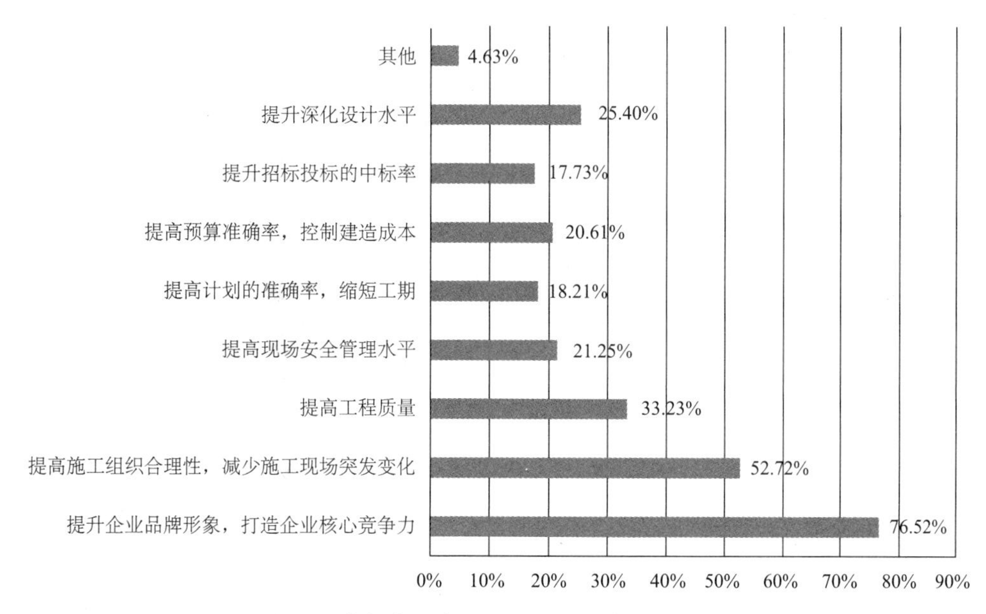

图 1-6　参与中国建设工程 BIM 大赛的主要收获

在 BIM 组织建设方面，只有 11.82%的企业还未建立 BIM 组织，同时建立公司层 BIM 组织和项目层 BIM 组织的企业最多，高达 45.05%，如图 1-7 所示。这一数据与 2017 年的调查情况相去甚远，2017 年未建立 BIM 组织的企业多达 40.6%，而既建立了

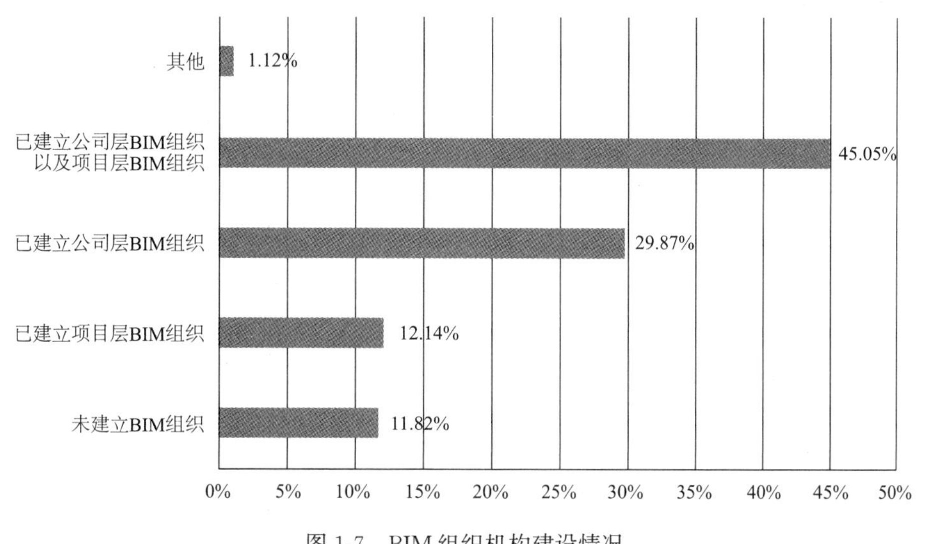

图 1-7　BIM 组织机构建设情况

公司层 BIM 组织又建立了项目层 BIM 组织的企业仅有 17.2%。该组数据表明，有更多的企业已经在组织架构层面设立了 BIM 团队，现阶段建筑企业对 BIM 技术的重视程度与投入力度可见一斑。

在资金投入方面，企业投入的力度相对均衡。其中，投入资金在 10 万～50 万元的企业所占比例最高，为 21.09%；其次是投入 100 万～500 万元的企业，占 19.81%；投入在 50 万～100 万元以及投入 10 万元以内的企业分别占 16.77%和 12.62%；投入高于 500 万元的企业占比 8.15%，如图 1-8 所示。从不同资质企业角度看，特级资质企业对 BIM 技术的投入远高于其他。值得一提的是，在 2017 年度调查中投入在 10 万元以内的企业占 32.9%，而今年企业的投入普遍高于 10 万元，可见企业对 BIM 技术的资金投入也有明显上升的趋势。

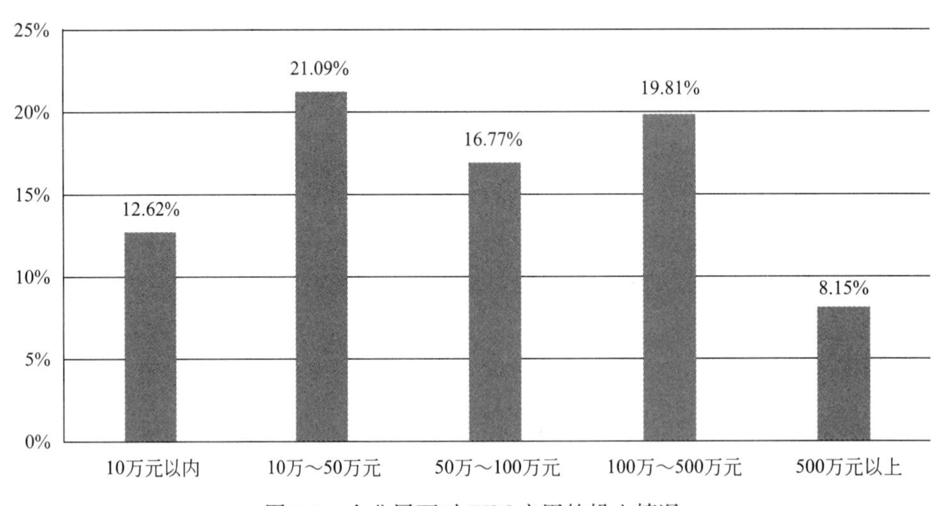

图 1-8　企业层面对 BIM 应用的投入情况

调查数据显示，公司成立专门组织进行 BIM 应用（占 74.28%）是现阶段开展 BIM 工作的最主要方式，只有 6.87%的企业还是以委托咨询单位完成 BIM 应用的方式，如图 1-9 所示。与 2017 年相比，委托咨询单位完成 BIM 应用的企业比重下降明显，更进一步分析，现阶段企业更加重视培养企业自身的 BIM 应用能力，而不是单纯依靠咨询机构。

从 BIM 技术应用的项目情况上看，主要集中在建筑物结构非常复杂的项目、需要提升公司品牌影响力的项目、需要提升企业管理能力的项目和甲方要求使用 BIM 的项目，分别占比为 67.09%、64.06%、58.47%、58.31%，如图 1-10 所示。从趋势上看，2017 年甲方要求使用 BIM 的项目占比最高，而今年的调查中排在前三的都是建筑企业自身需求，可见 BIM 技术的应用有转向满足企业自身需要的趋势。此外，调查过程中我们发现，虽然调查主体以中国建设工程 BIM 大赛参赛企业为主，但需要评奖或认证的项目只排在倒数第二，所以说参赛企业不仅是为参赛而参赛的，他们更多的是有应用 BIM 技术的真实需求。

细分发现，无论企业资质如何，对于工期紧、预算少的项目应用 BIM 技术均是最

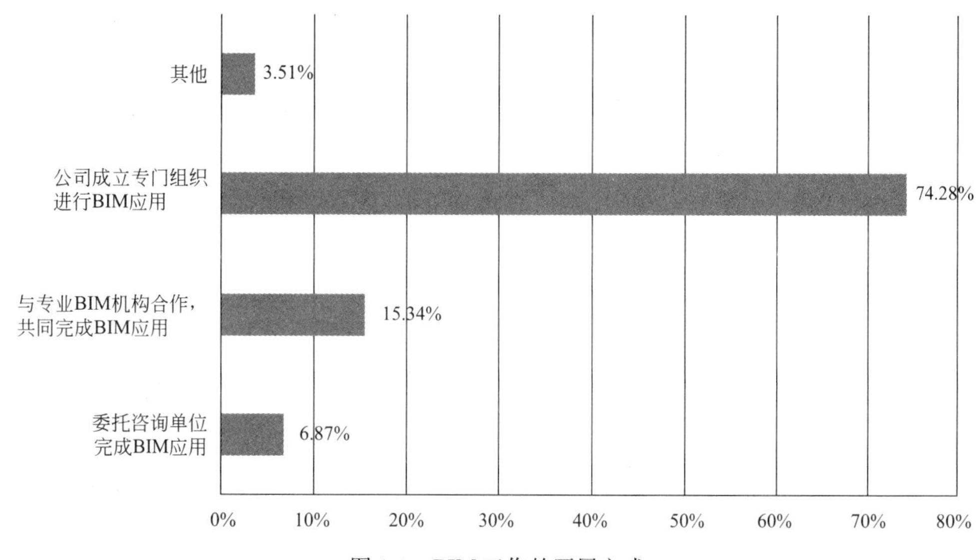

图1-9　BIM工作的开展方式

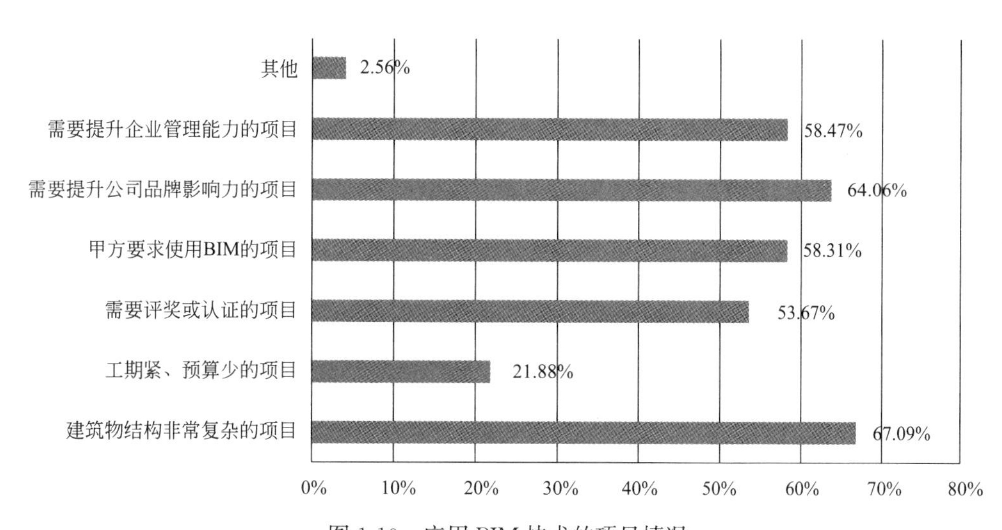

图1-10　应用BIM技术的项目情况

少的，这一数据反映出现阶段BIM技术在解决项目成本、进度方面还需探索，如图1-11所示。此外，二级资质企业需要提升企业管理能力的项目占比明显高于其他。对于二级企业而言，结构复杂的大项目相对较少，这类型企业在BIM应用的方向上，以提升企业管理能力为主要目标更为合适。

从开展过的BIM技术应用看，各类BIM应用分布相对比较均衡，其中开展最多的三项BIM应用是基于BIM的碰撞检查（占75.72%）、基于BIM的专项施工方案模拟（占72.52%）和基于BIM的机电深化设计（占68.37%），基于BIM的预制加工（占28.12%）和基于BIM的结算（占15.18%）略低于其他应用，如图1-12所示。

调查显示，项目的技术、商务、生产三方面业务内容的BIM应用已经全部有所覆盖，排在前面的依然是技术管理中较为成熟的业务，例如碰撞检查、方案优化等，基于

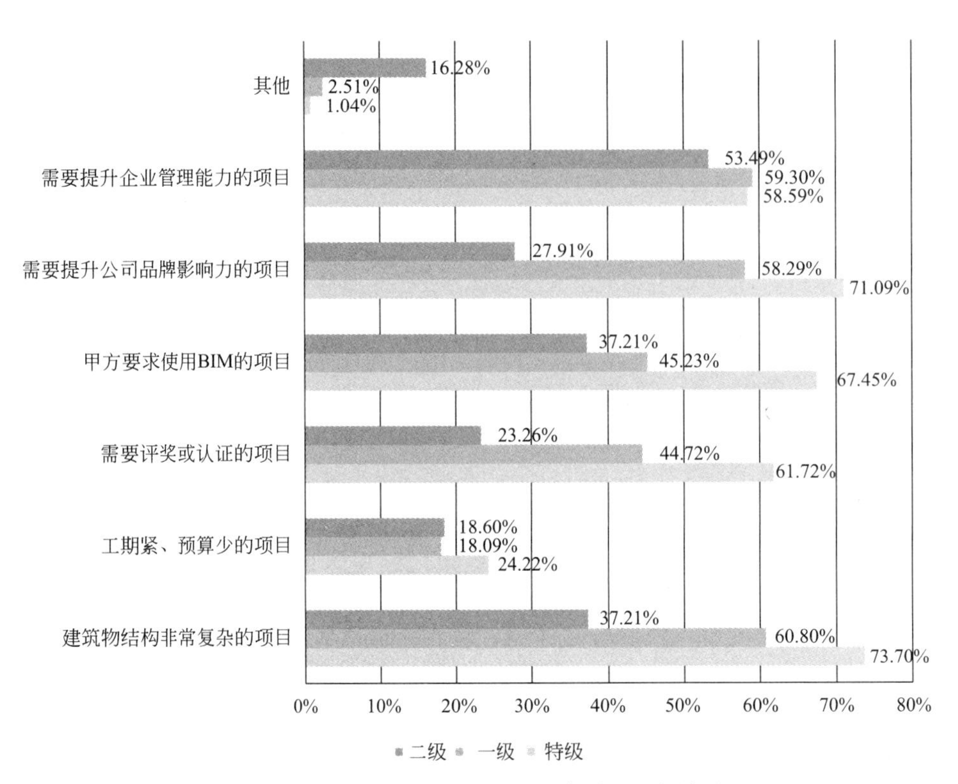

图 1-11　BIM 应用驱动力与企业资质之间的关系

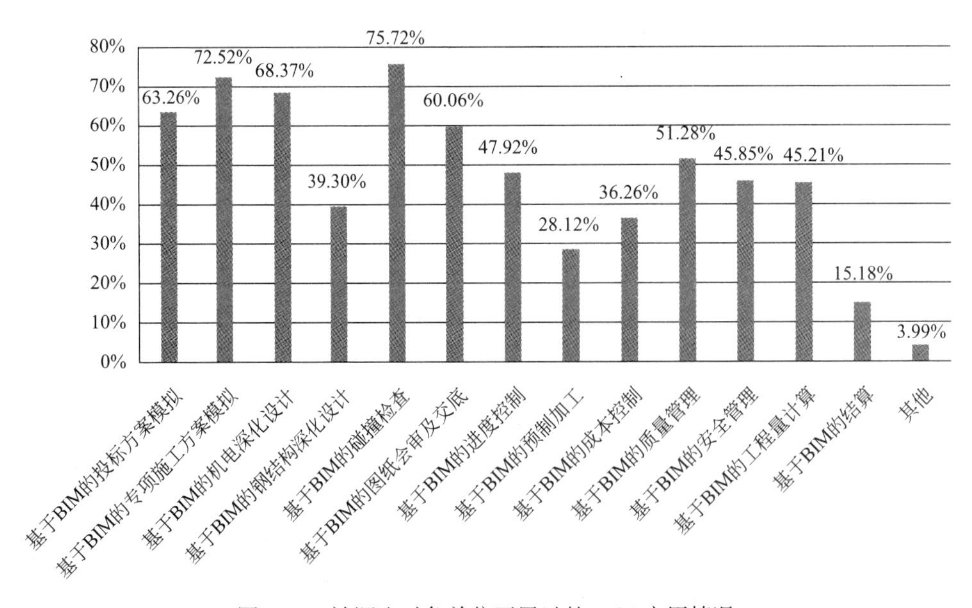

图 1-12　被调查对象单位开展过的 BIM 应用情况

BIM 的投标方案模拟等商务应用紧随其后。这也符合这几年 BIM 软件和应用比较活跃的态势。与前几年不同的是，现场可视化技术交底的应用比例达到了 60.06%，质量安全等方面应用分别达到 51.28%和 45.85%，这远远超过了前两年，而据实际项目反映，技术交底、质量安全的 BIM 应用偏重于支持现场施工生产，与一直应用比较活跃的进度过程管理共同构成了生产业务线的主要应用。由此可以看出，经过这几年的 BIM 应用发展，无论是 BIM 软件种类、BIM 应用业务范围、BIM 应用点都得到了扩展和深入。

针对被调查对象企业 BIM 技术应用的现状，总体上来看，有企业的资质越高 BIM 应用情况越好的明显趋势。这体现了整体发展水平更高、实力更强的企业对于 BIM 技术的重视程度相对也更高。

1.2.3　建筑业 BIM 应用发展情况与趋势

从统计数据上看，企业制定 BIM 技术应用规划的情况差强人意，已经清晰地规划出近两年或更长时间 BIM 应用目标的企业占比最高，为 55.75%；超过四分之一的企业处于正在规划还没有形成具体内容的阶段（占 25.72%）；仍有 9.27%的企业在 BIM 应用上没有具体规划，就是在几个项目上用着看，如图 1-13 所示。统计发现，特级资质企业中有 63.02%已经清晰地规划出近两年或更长时间 BIM 应用目标，仅有 7.03%没有规划。从企业资质角度来看，有资质越高，BIM 技术应用规划越完善的趋势，这也符合行业的真实情况。

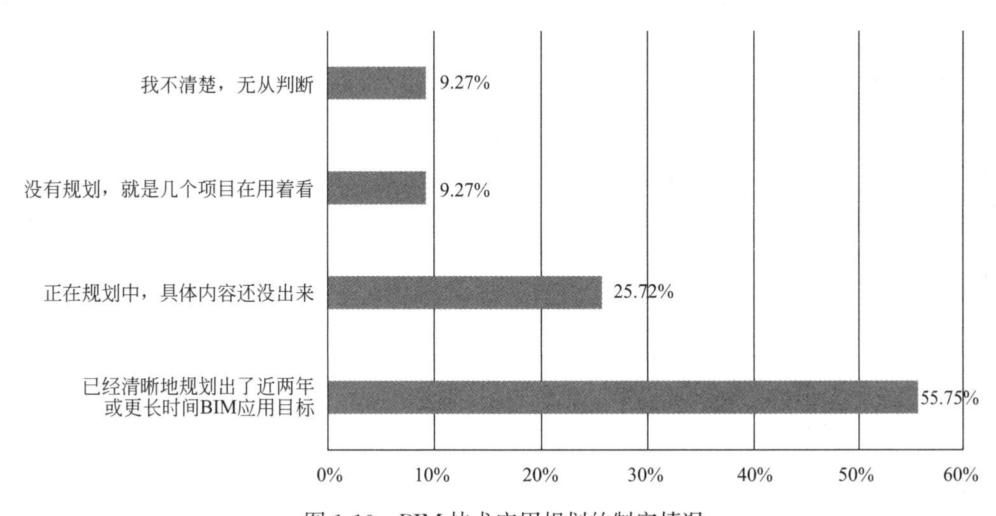

图 1-13　BIM 技术应用规划的制定情况

此外，进一步数据表明 BIM 技术应用的时间越长、项目数量开展得越多，有清晰的 BIM 应用目标规划的比例越高。应用 5 年以上的企业中有 78.51%已经清晰地规划出了 BIM 应用目标，仅有 3.31%对 BIM 应用没有规划，如图 1-14 所示。应用 BIM 技术 50 个以上项目的企业更是有 92.00%有清晰明确的规划，如图 1-15 所示。由此可见，企业是通过不断的 BIM 应用实践，逐步明确并总结出了适合于企业自身的 BIM 应用规划方案，这同样也符合新技术应用的发展规律。

对于企业现阶段 BIM 应用的重点，让更多项目业务人员主动运用 BIM 技术是多数企业的最重要工作，占比 40.42%；其次是应用 BIM 解决项目实际问题和建立专门的

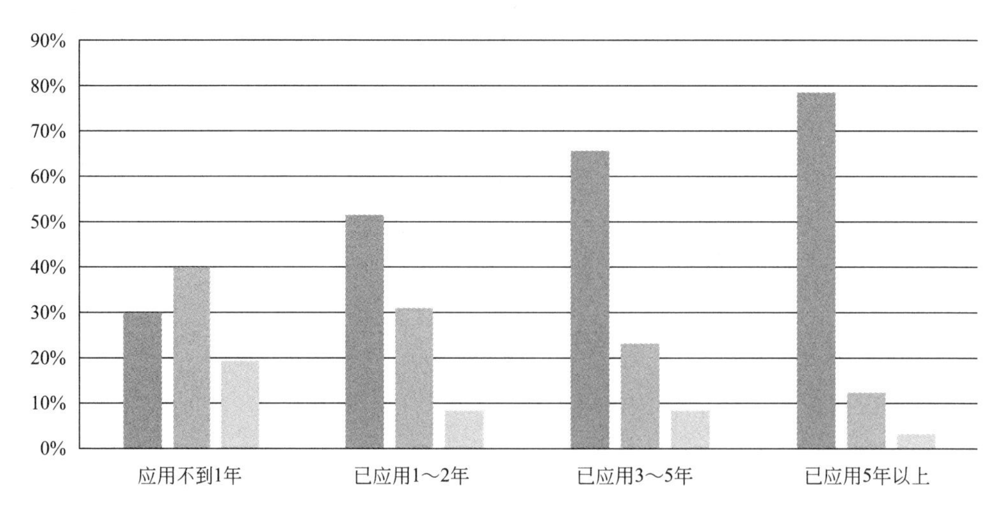

图 1-14　应用年限与 BIM 应用规划的关系

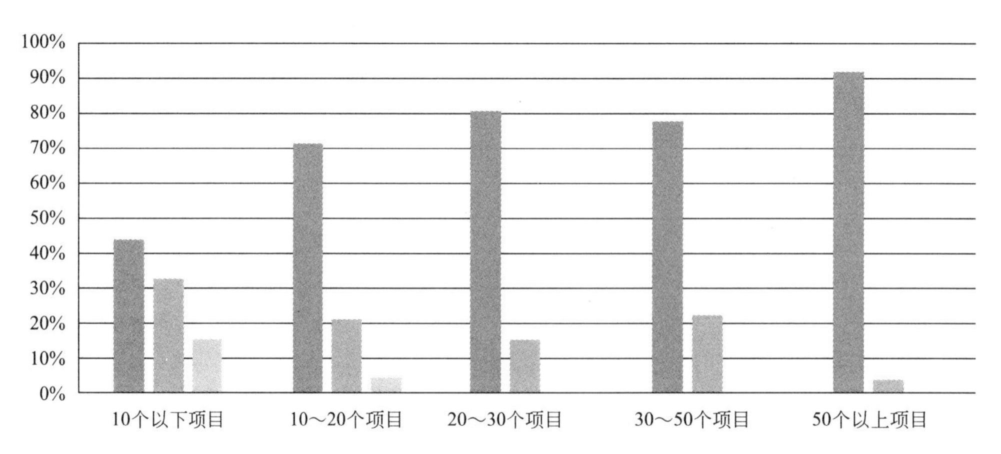

图 1-15　应用项目数量与 BIM 应用规划的关系

BIM 组织，分别占 37.70％和 15.50％；选择应用 BIM 是为项目节省资金的被调查对象仅占 4.15％，如图 1-16 所示。此项调查结果与 2017 年大体一致，其中让更多项目业务人员主动运用 BIM 技术占比提高了将近 10％。这说明目前企业对 BIM 应用的认识相对更加成熟，BIM 技术归根到底是需要应用到项目的实际工作中去才能发挥价值的，通过项目的实际应用，培养专业 BIM 人员能力、归纳总结 BIM 应用流程、形成 BIM 实施方法，并结合企业层面的规范，形成企业层面的 BIM 应用制度，从而指导后续的项目进行 BIM 实施。其中，BIM 技术应用时间越久、项目数量开展越多的企业，对项目业务人员主动应用 BIM 技术的需求越迫切。

对于 BIM 应用方法的定义，认为不同项目类型的 BIM 应用方案集是 BIM 应用方法

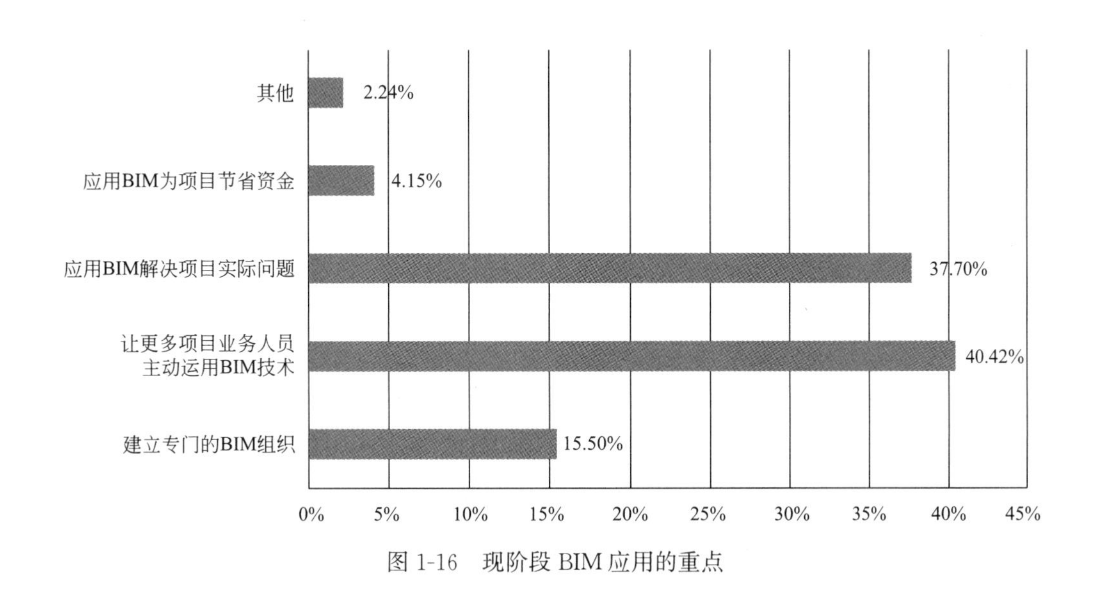

图 1-16　现阶段 BIM 应用的重点

的占比最多，达到 73.32%；其次是不同岗位的 BIM 应用内容清单和输出成果，占 67.89%；认为是不同应用内容对应的数据集成方法和不同应用内容对应的软件匹配方法的分别占比 55.11%和 50.48%，如图 1-17 所示。

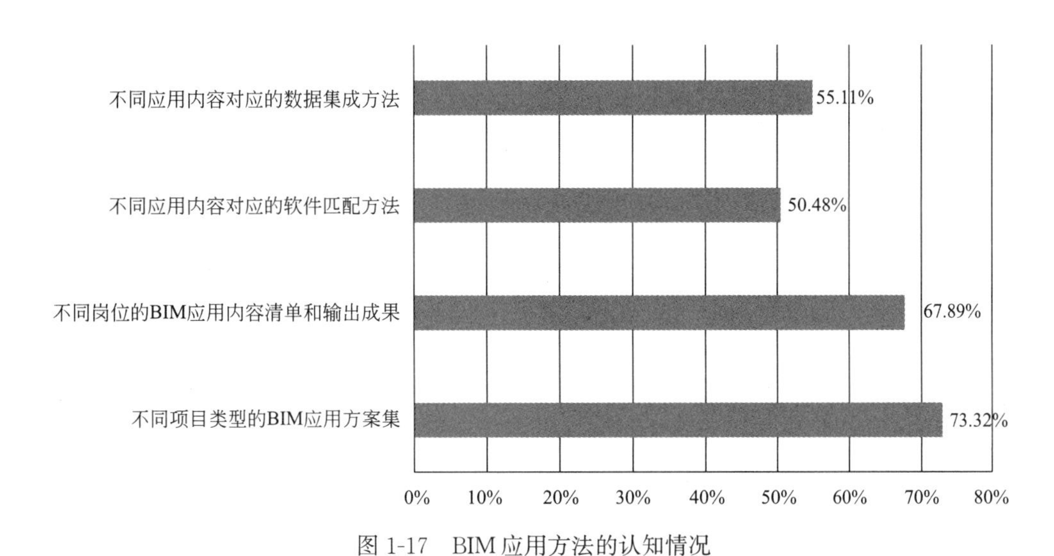

图 1-17　BIM 应用方法的认知情况

从推进 BIM 过程中总结应用方法的重要性角度，62.46%的被调查对象认为应用方法是推进 BIM 应用的必要条件；30.51%的受访者认为方法对推进 BIM 应用能起到较大帮助；仅有 1.28%的受访者认为方法对推进 BIM 应用起不到帮助，如图 1-18 所示。

详细数据表明，越是 BIM 应用时间长的企业，越是认为 BIM 应用方法总结是一项重要的工作。其中，应用不到 1 年的企业中只有 54.02%认为总结方法非常有用，而应用超过 5 年的企业中认为总结方法非常有用的企业占比高达 72.73%，如图 1-19 所示。此外，企业开展的 BIM 应用项目数量越多，越认为 BIM 应用方法的总结非常有用。应

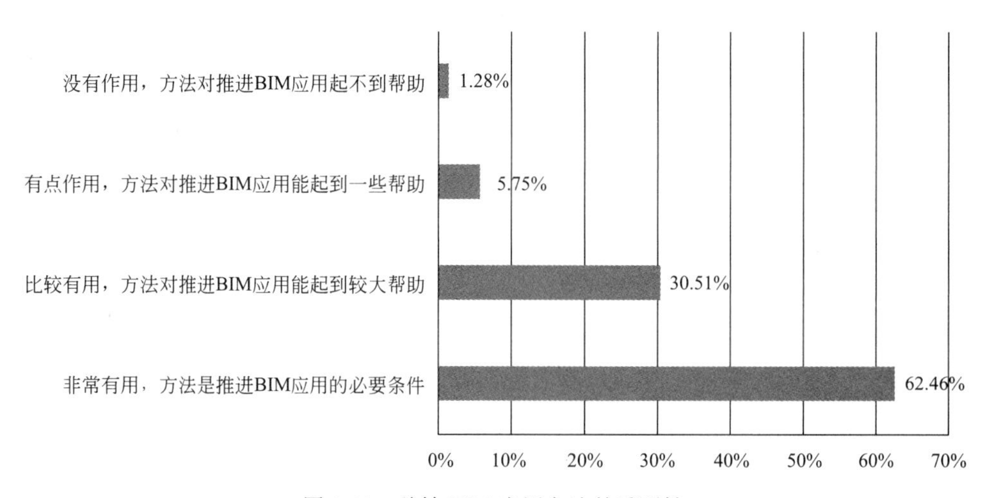

图 1-18　总结 BIM 应用方法的重要性

用项目不到 10 个的企业中认为方法总结非常有用的企业占比仅为 58.90%，比例远低于应用超过 50 个项目达到的 76.00%，如图 1-20 所示。经过进一步分析，随着 BIM 应用的积累，企业更有意识并且更加重视对方法的总结，总结的应用方法可以对后续项目 BIM 应用起到指导和借鉴作用。所以说企业的 BIM 应用是要依靠更多的实践并总结，并且通过反复的实践与总结过程才能得到企业应用能力提升的，这种方式也遵循了熟练掌握新技术应用能力的普遍规律。

调查显示，企业最希望通过 BIM 技术得到的应用价值排在前三位的依次是提升企

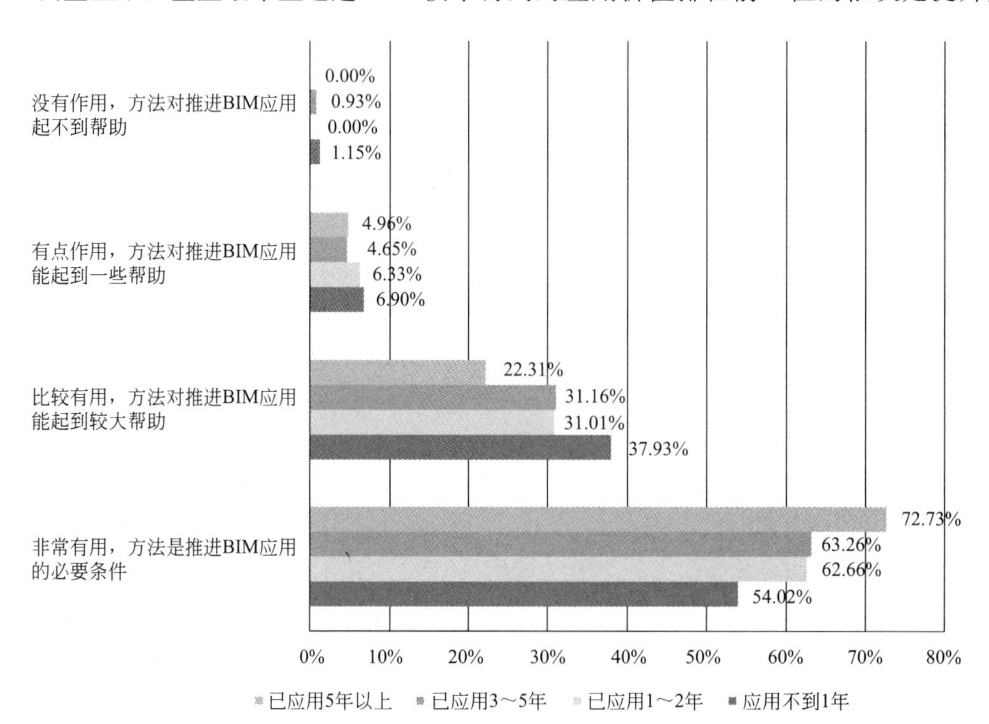

图 1-19　应用年限与总结 BIM 应用方法重要性的关系

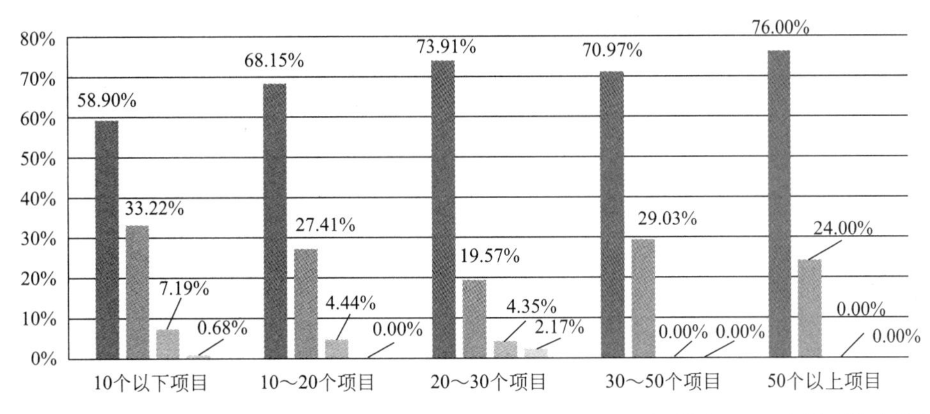

图1-20　应用项目数量与总结BIM应用方法重要性的关系

业品牌形象，打造企业核心竞争力（占66.77%）；提高施工组织合理性，减少施工现场突发变化（占57.83%）；提高工程质量（占37.86%）。企业对提升招标投标的中标率的期望值相对最低，只有17.73%，如图1-21所示。

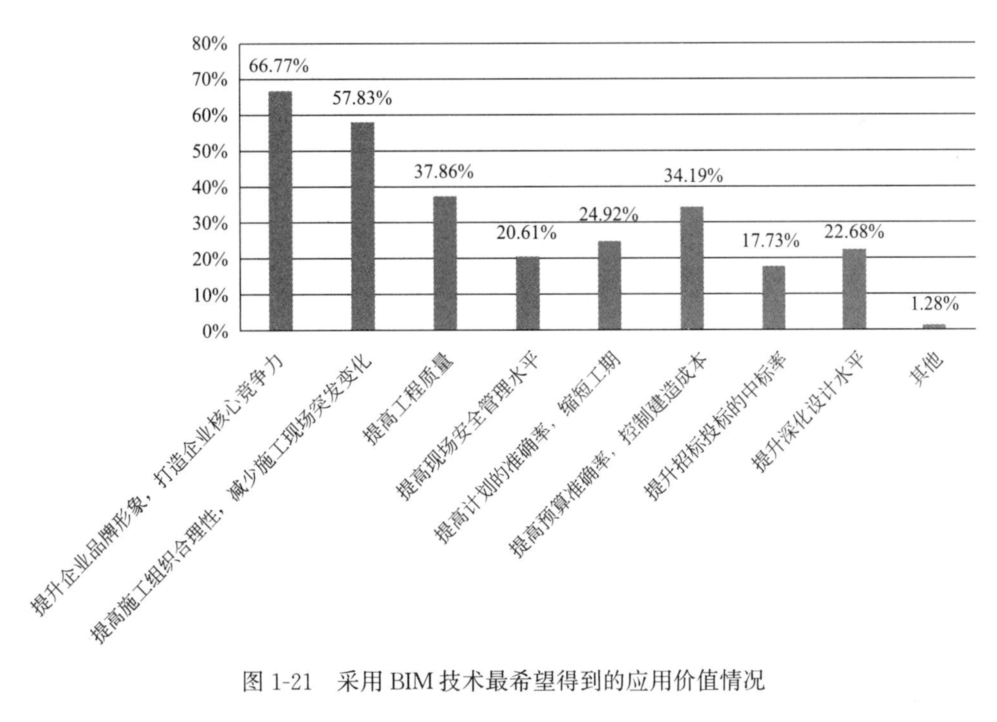

图1-21　采用BIM技术最希望得到的应用价值情况

从企业在实施BIM中遇到的阻碍因素上来看，缺乏BIM人才是大多数企业共同面临的问题，占比达69.17%；其他主要阻碍因素包括企业缺乏BIM实施的经验和方法（占56.55%）、项目人员对BIM应用实施不够积极（占41.53%）。单位领导对BIM不够重视在阻碍因素中占比最低，只占16.61%，如图1-22所示。

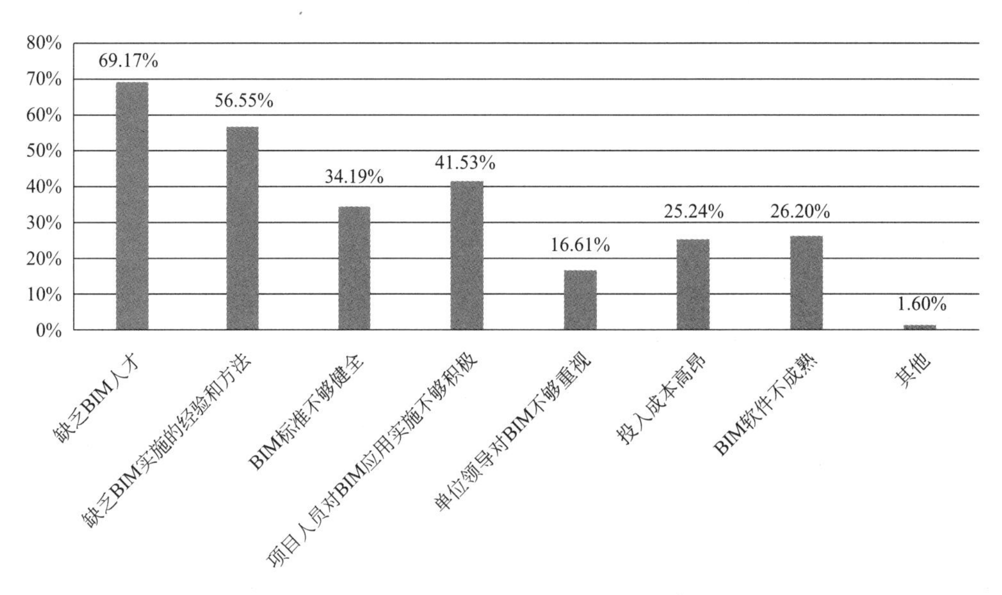

图 1-22　实施 BIM 中遇到的阻碍因素

在 BIM 应用的主要推动力方面，BIM 应用最核心的推动力来自于政府和业主，有超过 7 成企业认为政府是推动 BIM 应用的主要角色，占比 74.28%；选择业主是最主要推动力的占 55.43%；其次是施工单位（占 46.33%）和行业协会（占 40.26%），被调查对象认为咨询机构（占 3.35%）和科研院校（占 3.19%）对 BIM 应用的推动力最低，如图 1-23 所示。

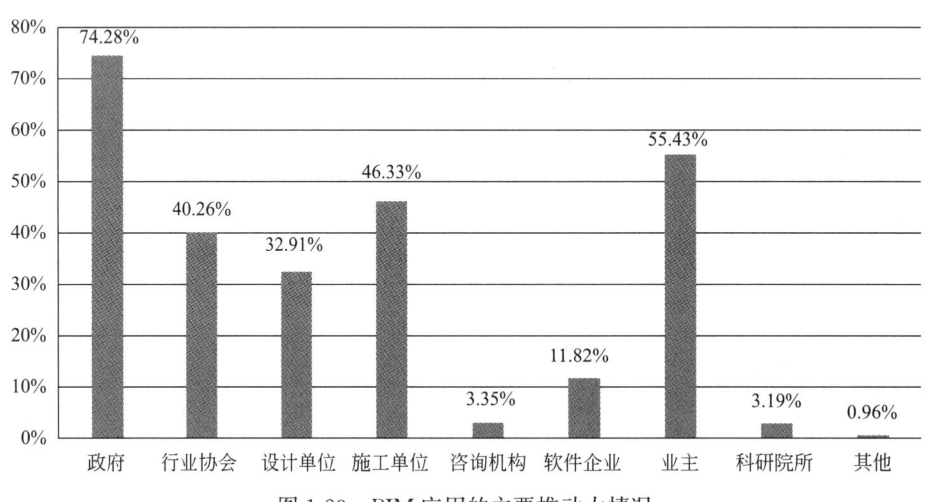

图 1-23　BIM 应用的主要推动力情况

关于现阶段行业 BIM 应用最迫切要做的事，被调查对象认为建立 BIM 人才培养机制和制定 BIM 应用激励政策对于企业来讲最为迫切，分别占 61.98%和 57.99%；其次依次是制定 BIM 标准、法律法规（占 56.55%）、建立健全与 BIM 配套的行业监管体系（54.63%）；对于企业来说，开发研究更好、更多的 BIM 应用软件是最不紧迫的，仅占 34.50%，如图 1-24 所示。值得一提的是，从这两年的调查结果来看，选择制定 BIM 应用激励政策的受访者从倒数第二上升到了正数第二的位置上，这也证明了现阶段企业对于 BIM 应用激励政策的需求不断增长。

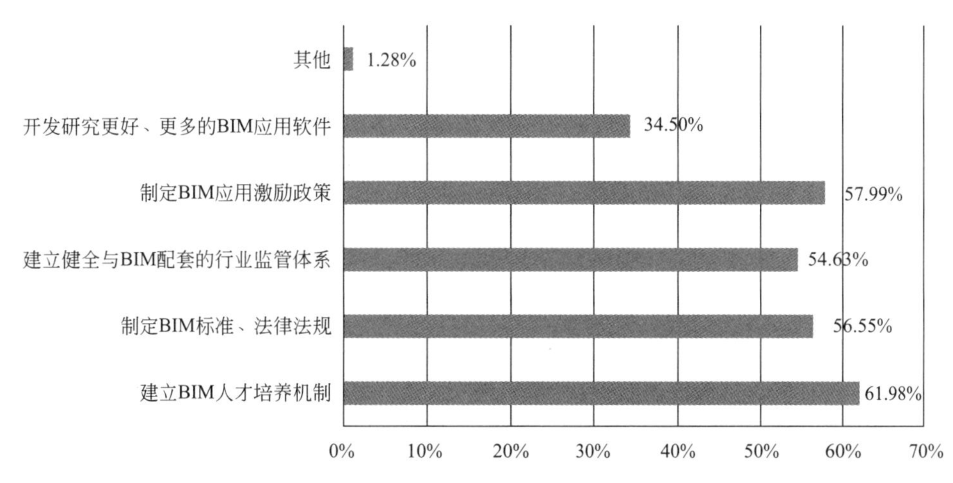

图 1-24　现阶段行业 BIM 应用最迫切的事情

从 BIM 的发展趋势看，与项目管理信息系统的集成应用，实现项目精细化管理占比达到 79.87％；其次是与物联网、移动技术、云技术的集成应用，提高施工现场协同工作效率，有 70.29％的被调查对象认可这一趋势；其他被认可的趋势还包括与云技术、大数据的集成应用，提高模型构件库等资源复用能力（占 45.05％）和在工厂化生产、装配式施工中应用，提高建筑产业现代化水平（占 44.89％）；与 3D 打印、测量和定位等硬件设备的集成应用，提高生产效率和精度并不被企业看好，只有 14.86％的企业认可这一趋势，如图 1-25 所示。

在数据分析的过程中，编写组发现了一些企业在 BIM 应用中存在的共性问题，下面我们针对这些问题进行具体说明。

第一，企业制定 BIM 应用规划是促进 BIM 应用持续发展的重要手段。数据表明，随着企业 BIM 应用年限的增长、项目应用数量的增多，企业对 BIM 应用规划的需求也不断增大。这说明在 BIM 应用实践过程中，我们逐渐意识到从企业层面制定 BIM 应用规划是十分重要的，这也符合新技术的推行需要前期规划的普遍规律。所以，在建筑企业推进 BIM 应用的过程中，前期要做好企业层面的规划。

第二，企业 BIM 应用过程中，人才的培养是关键因素。在调查中我们发现，将近七成的被调查对象认为缺乏 BIM 应用人才是企业推行 BIM 应用的最大阻碍。进一步数据分析表明，处于各类 BIM 应用阶段的企业，对培养 BIM 人才有强烈需要的占比均超过了六成。这说明了企业在推进 BIM 应用的过程中，人才的培养非常重要。此外，应用年限越长，应用项目数量越多的企业，认为缺乏 BIM 人才的重要程度越低。这一点又说明，企业在 BIM 应用实践的过程中，同时也培养了 BIM 应用人才，BIM 实践是为企业培养 BIM 人才的有效手段之一。

第三，BIM 应用方法的总结至关重要。调查中我们发现，超过九成的受访者认为

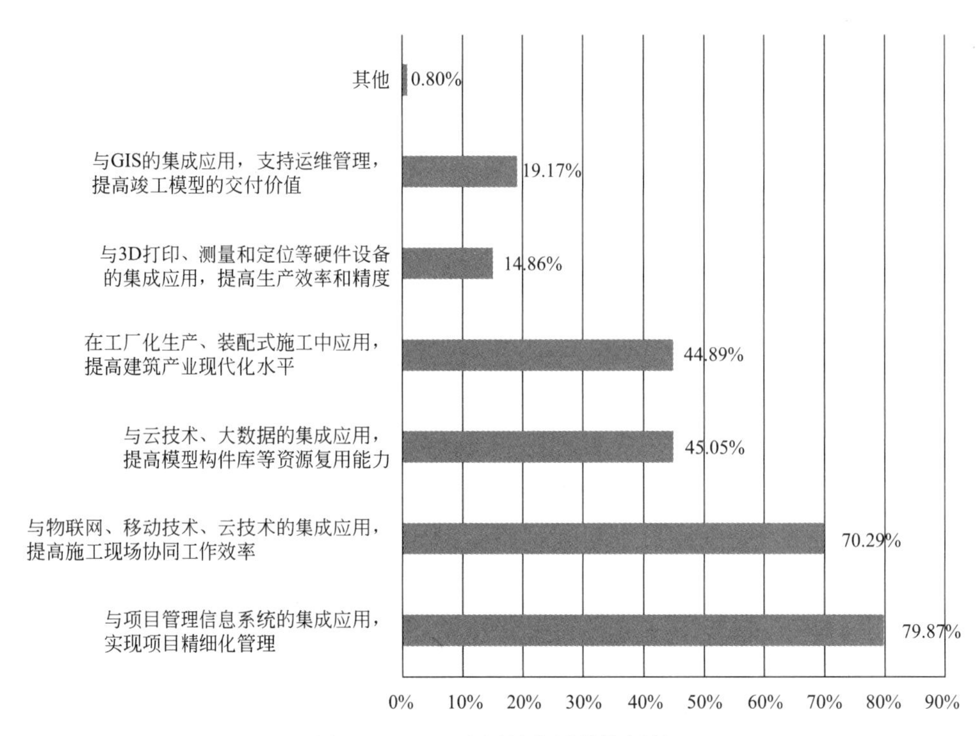

图 1-25　BIM 应用的发展趋势判断

企业推进 BIM 过程中总结应用方法很有必要。对于企业而言，不同类型、不同体量的项目，对于 BIM 技术的应用方法也不尽相同。企业通过不同情况的项目实践，总结同类型项目的 BIM 应用方法，并通过不断优化，形成更完善的 BIM 应用方法。对于企业 BIM 应用的方法，根据重要程度主要可以分为不同项目类型的 BIM 应用方案集、不同岗位的 BIM 应用内容清单和输出成果、不同应用内容对应的数据集成方法、不同应用内容对应的软件匹配方法。企业可以在 BIM 应用实践的过程中，有意识地从这四个维度总结适用于本企业的 BIM 应用方法，从而实现企业 BIM 技术的有序发展。

第四，公司领导的重视程度直接影响着 BIM 技术的推进。调查显示，领导重视的企业在 BIM 应用时间和应用数量上都相对更高，同时 BIM 应用规划也更加完善。企业 BIM 技术应用的推动需要领导在整个应用期间持续关注和重视，而不仅仅是在应用初期，特别是在开始个别项目试点和后续大规模推广这两个节点上，领导的重视程度至关重要。前期领导的决策起着关键性作用，在决定用不用 BIM 这件事上，最高层领导的决心和态度非常关键。后期规模化推广时，可能会因为应用项目的增加而影响到公司管理模式的调整，再次将重心转向公司领导层。

第五，企业在 BIM 技术方面的资金投入与应用项目数量不完全成正比。对于企业而言，虽然有项目应用数量越多、资金投入越大的整体趋势，但当企业的 BIM 应用项目数量成倍数增加时，企业在资金投入方面并达不到成倍的增长。这说明企业在 BIM 技术上的投入，如果应用的项目数量越多，单个项目的 BIM 应用成本越低。这也符合清华大学 BIM 课题组负责人顾明教授的调研结果：就投资回报率而言，建筑企业 BIM 的应用率如果能够超过 30%，那么投资回报率一定是正的；如果 BIM 的应用率小于 15%，投资方亏损的可能性就会大一些。所以说，企业在 BIM 应用发展的过程中，需要对应用数量和应用程度给予更多的关注。

以上是编写组对本次调研情况的描述、分析与总结，在下面的章节中还会通过更多视角对国内 BIM 的应用发展情况展开更加深入的探索。

1.3 建筑业 BIM 应用专家视角

BIM 技术的应用是个相对复杂的过程，不同企业、不同岗位在具体应用中可能会遇到不同的问题，问卷调研受方式限制，无法全面地反映现阶段 BIM 技术的应用状况。为了能更加全面地了解现阶段建筑企业的 BIM 应用情况，本报告邀请了五位从事 BIM 相关研究的行业专家，结合自身的 BIM 实践从不同的视角解读 BIM 应用中遇到的问题及思考，为企业的 BIM 应用实践提供参考。

专家解读是以访谈的方式进行的，针对企业的 BIM 应用情况，每位专家都作了相对系统的分析和解读。结合各专家的不同行业背景，分析和解读的问题有所偏向，或针对类似的问题不同专家从不同角度进行了总结。

专家视角——许杰峰

许杰峰：中国建筑科学研究院有限公司总经理，中国图学学会副理事长，中国建筑业协会工程技术与 BIM 应用分会会长、中国建筑学会 BIM 分会理事长、中国工程建设标准化协会 BIM 专业委员会副理事长。

国家标准《建筑工程信息模型存储标准》主编，《建筑信息模型应用统一标准》主要起草人。“十三五”国家重点研发计划项目“基于 BIM 的预制装配建筑体系应用技术”负责人。承担着“BIM 发展战略研究”课题。在 20 多年的工作中，承担过多个工程项目的建设，精通建筑施工过程中的技术、流程，对项目管理和企业管理有独到的见解。作为中美交流团成员，首批对美国、加拿大等国的设计、施工企业的 BIM 应用进行考察，组织研发了具有自主版权的 PKPM-BIM 设计协同管理平台、装配式建筑设计软件 PKPM-PC 以及施工综合管理平台。出版著作《“三合一”管理体系的理论与实践》。以下是许杰峰先生对 BIM 应用现状的观点解读。

1. 推动行业 BIM 发展的重要因素有哪些？

从 2003 年我院在 863 课题中开始对 IFC 标准进行研究，以及后续的 BIM 标准、软件的研发及推广应用，各级政府推进 BIM 应用的政策出台等，都是推动行业 BIM 应用的因素，归纳起来主要因素是以下几个方面：

一是政策引领：住房和城乡建设部在 2011 年 5 月 20 日发布的《2011—2015 年建筑业信息化发展纲要》的政策要点中提到“加快建筑信息模型（BIM）等新技术在工程中

的应用”，首次将BIM技术纳入“十二五”建筑业重点推广技术。2015年正式发布的《关于推进建筑信息模型应用的指导意见》、2017年颁布的《2016-2020年建筑业信息化发展纲要》中都强调了BIM技术重在应用。随之各地政府也纷纷制定了多种办法鼓励BIM技术的应用，以及政府对BIM技术重视程度的提高，大力推动了建筑业以BIM技术进行设计分析、施工BIM综合应用以及BIM运维管理。同时催生了围绕BIM技术的工程咨询、培训、产品研发等新业态。

二是技术驱动：在“互联网+”的背景下，BIM及轻量化、云、物联网、三维扫描等相关核心技术不断突破，为BIM技术的应用推广提供了技术支撑。在“十一五”“十二五”“十三五”期间，国家和各省市也投入了大量科研经费对BIM的关键技术进行研究，取得一系列与BIM技术相关的成果，促进国内软件开发商研发出了一批自主版权的BIM相关软件，推动了设计、施工及业主的BIM应用。同时，国家和相关协会也制定了BIM相关标准，对我国BIM的发展有积极的指导意义。

三是市场需求：我国建筑业大环境近年正在由粗放型向精细化转变。无论是对外宣传、投标招标还是内部管控等方面，企业对用BIM技术提高工程质量、安全以及节约成本等有强烈的需求，利用BIM可实现企业的管理创新。

四是培训推广：企业迫切需要BIM人才，促进了BIM培训机构的产生。各行业协会、高校、培训机构等通过举办BIM大赛、技能人才培训、在校学生的BIM课程设置等手段，大力推广和培训BIM技术，并形成了以BIM培训为主线的大纲编写、教材编写、教学创新、等级考试、项目经理研修班等一个较完整的培训体系，为企业提供了BIM人才保障，奠定了BIM技术的发展基础。

2.举办BIM大赛在推动行业BIM应用发展方面有哪些作用?

大赛在推动行业BIM发展方面起到了非常重要与积极的作用。通过BIM大赛，树立BIM应用示范项目，激励获奖项目团队，带动企业的BIM应用。同时，大赛对促进一系列BIM政策的落地应用有很好的推动作用。许多地方政府和协会结合自身制定的BIM政策先组织地方BIM大赛，借大赛的举办进行BIM应用交流，再把优秀项目推荐到行业协会的大赛。通过BIM大赛既可以调动建筑企业应用BIM技术的积极性，又有助于BIM技术的推广普及，是促进建筑业BIM应用水平广度和深度应用的交流平台。同时，大赛作品的等级评定可为社会上其他的BIM应用奖励提供参考，以及营造一个BIM普及应用的良好氛围等，具体作用总结为以下五个方面：

第一，企业通过BIM技术创新应用是取得良好成果的最佳方式之一，可提升企业的核心竞争力。

第二，大赛作品基本可以代表我国BIM应用的前沿水平，通过大赛获奖优秀作品的交流活动，可促进其他企业在项目建设中采用BIM技术，起到示范作用。

第三，大赛作品中有很多企业把BIM技术用在项目过程中的进度、质量、安全、成本等方面进行管控，把事后管提前到事前管、过程管。这种风险前置的方式大大提高了工程质量，保证了项目施工安全，可有效控制项目进度和成本，对政府监管起到很好的辅助作用。

第四，就中国建设工程 BIM 大赛来看，每年参赛 700 多个项目，平均每个项目 BIM 团队 30 人，每年大赛涉及 2 万多人。由此可以看出，大赛是促进企业 BIM 人才培养，激励人才进步的有效手段。

第五，BIM 大赛参赛企业都要结合实际项目，利用 BIM 技术进行创新应用，为项目降本增效，增光添彩。为了能更好地实现企业的使用目标，提高参赛作品的竞争力，企业一方面选择优秀的 BIM 基础软件，另一方面还需要应用到多个 BIM 专业软件，对国内 BIM 专业软件提出迫切需求，这将促进国内 BIM 软件开发商的产品研发。同时，大赛项目促进了 BIM 软件管理平台的发展，平台保证各 BIM 软件间的数据集成和新的业务流程的应用。

3. 结合中国建设工程 BIM 大赛，您认为企业 BIM 应用发生了哪些趋势性变化?

中国建设工程 BIM 大赛已经举办了 3 届，每届收到的参赛作品都在逐年递增，从 2015 年首届收到参赛作品 532 份到 2017 年第三届已提高到 794 份。从历届大赛参赛作品看，过去复杂公共建筑 BIM 应用作品较多，以利用原生态的 BIM 软件（BIM 建模软件），在项目层面依托工具软件开展单项应用为主。经过几年的 BIM 市场培育，现在的参赛作品已经涵盖了道路、桥梁、公建、民建等多个土木建筑领域，BIM 应用呈现出常态化、普及化趋势。单项应用越来越精细，与业务紧密结合，能真正看到实施的效益，不是仅仅做动画视频停留在汇报的层面，而是真正在一步步解决工程中原来工具软件解决不了的问题，逐步朝着精细化管理迈进。综合应用的案例也越来越多，采用物联网等智慧手段实现项目现场的多专业协同，依托 BIM 技术采用多种新技术集成，展开现场智慧应用。具体有以下几点比较明显的趋势变化：从以往的碰撞检查、进度模拟等单项应用向设计优化、绿色建筑以及工程质量、安全、材料、成本等设计到施工全过程应用的转变；从以往房建领域参赛作品为主向覆盖市政、铁路、地下管廊等多领域转变；从独立 BIM 技术应用向“BIM＋IOT/APP 等”技术的集成综合应用转变；从项目层面应用 BIM 技术向通过定制企业 BIM 标准，实现基于 BIM 的多项目数据收集汇总分析的“互联网＋BIM＋ERP”企业 BIM 应用模式转变。

4. 未来 BIM 技术将向哪些方面发展?

从技术角度看 BIM 的发展，模型轻量化技术、基于云的协同技术以及基于 BIM 与多元数据集成管理的工程建设数字化平台架构的集成技术将是未来 BIM 发展的重点方向。

在展示端，BIM 从桌面端走向 Web 端、APP 端的过程中，需要使用三维模型轻量化技术对模型进行深度处理，以满足工作协同和展示的要求。模型转化过程中信息的无损处理、图元的合并压缩、模型轻量化引擎的兼容性等问题，都是需要进一步攻关突破的。

在云端，BIM 与云计算、GPU 虚拟化等技术集成应用，利用云计算的优势将 BIM 应用转化为 BIM 云服务，充分发挥云的计算和存储优势。多方协作通过泛在的云服务及时获取各自所需 BIM 信息的研究目前仍在探索之中。

另外，基于 BIM 的应用正在向集成化发展。三维打印、倾斜摄影、数字加工、激光扫描、物联网等技术层出不穷，BIM 与相关技术深度集成应用，将智能建造提升到智慧建造的新高度，开创智慧建筑新时代，也将是未来 BIM 技术发展的重要方向。

专家视角——马智亮

马智亮：清华大学土木工程系教授、博士生导师，我国现阶段建筑业信息化领域学术研究的领导人物。负责纵向和横向科研课题 40 余项，共发表各种学术论文 200 余篇，并多次荣获省部级科技进步奖、“首届全国信息化研究成果奖提名奖”等多项科研奖励。2013 年至今，连续五年作为《中国建筑施工行业信息化发展报告》执行主编，对建筑行业信息化进行深入研究，报告内容覆盖行业信息化总体、BIM 应用与发展、BIM 深度应用与发展、互联网应用与发展、智慧工地应用与发展等。以下是马智亮先生对 BIM 应用现状的观点解读。

1. BIM 技术能为项目的精细化管理带来哪些价值?

我们知道，建筑施工项目管理，是指对项目的进度、成本、质量、安全等方面进行管理，以便实现既定的目标。管理过程一般由一系列的计划（Plan）、执行（Do）、检查（Check）、行动（Action）循环（以下称“PDCA 循环组成”）。其基本原理是，首先制订计划，接着执行计划，到一定的时间点对计划执行情况进行检查，然后根据检查结果采取一定措施进行校正，以便回到原计划的轨道上。例如，当发现进度落后时，可能采取增加人力的方法，也可能采取加班的方法，目的是扳回落后状况，争取按计划完成项目。在这个过程中，涉及繁琐的计算工作。包括制订计划时，一般需要保证工作过程中所需的资源大体均衡，因此需要计算每一段时间的工作量和成本；在检查计划执行情况时，需要计算完成的工作量和成本，并进行换算，以便将实际完成情况和计划完成情况进行对比。以往管理人员借助二维图纸和电子表格软件，很难及时完成计算和对比，因此 PDCA 的周期不可能短，即所谓管理不精细。所谓精细化管理，是指在项目管理过程中，进行更加细致的管理。例如，由原来的一个月一次 PDCA 循环，可以精细到一周一次，甚至每天一次。不难看出，精细化管理要求更加及时的计算和对比。

BIM 的核心是三维模型，它能使该三维模型与有关属性信息关联在一起，具有可视化、可计算、可管理、可共享的特点。到目前为止，国内施工行业已经在大量的大型施工项目中成功应用 BIM 技术，该技术已具有虚拟施工、碰撞检查、深化设计等多个应用点，并且已经形成了专门的国家标准，为施工项目带来减少返工、提高协同工作效率等价值。

对于精细化管理，BIM 技术带来的最大价值就是，它可以使施工项目管理人员更方便地进行各种资源的计算和对比，提高工作效率，从而降低精细化管理实施的难度。这是因为 BIM 模型使得工程量及成本等内容的计算很容易通过软件来进行。例如，利用目前已有的 BIM5D 软件，指定项目中途任意一段时间间隔，通过执行其中的命令，立即就能求出对应的工程量以及预算成本。

当然，BIM技术为施工项目精细化管理带来价值的实现也有赖于应用软件的发展。应用软件的发展是需要时间的。目前，虽然已经出现了BIM5D及类似的应用软件，可以用于施工项目的精细化管理，但还没有成熟的、基于BIM的施工项目精细化管理软件，因此，BIM技术为施工项目精细化管理带来的价值实现尚未形成成熟的案例。相信，随着基于BIM的施工项目管理软件的迅速发展，这一状况将迅速改变。

2. BIM技术应用呈现出集成应用的特点，对此趋势您如何看待？

与其他技术一样，BIM技术的应用将经历从简单应用向复杂应用发展的过程。这个趋势是必然的。因为对于新技术，人们总是追求其更大的价值，而该技术发展到一定程度，更大的价值就只能通过与其他技术的集成应用去实现。举一个简单的例子：计算机技术当初就是进行计算的，后来和通信技术集成在一起，使得我们信息社会的发展向前迈进了一大步。

我再举一个实际的例子：之前，我们将BIM技术应用于施工项目质量管理的主要场景是：检查人员到施工现场打开BIM模型与实际施工结果进行对比，如果发现质量问题，就在BIM模型上的对应位置钉上一个“图钉”，在其中指出存在的问题。有关人员打开模型时，就会及时发现被指出的问题；他按要求去整改完成后，再增加相应的整改信息，检查人员也会看到；检查人员再去复验，再增加相应的检查信息。应该说，在这个过程中BIM技术已经发挥了它的作用：主要是直观，便于比较。但使用该功能时，会觉得实际上并不好用，最大的问题是到现场后，需要辨识所在的位置与模型上的位置的对应关系。当建筑对象比较复杂时，这个辨识实际上很不容易。

为了解决这个问题，我的研究组开展了一项研究。我们在BIM技术的基础上集成了室内定位技术，研制了一个施工项目质量管理系统。在该系统中，我们开发了建立建筑与BIM模型的对应关系，并将检查人员在现场的位置，实时地在BIM模型的对应位置上显示出来的功能。这样一来，用户就很容易辨识建筑上位置与模型上位置的对应关系，并且可以方便地进行对比并在模型上对应的位置标注质量检查信息。同时，在该系统中，我们还增加了基于BIM模型按相关规范和规程自动生成检查点的功能，检查点会自动生成并标注在模型上。在现场，用户通过平板电脑查看模型，需要检查的点将一目了然；只要点击检查点，就可以打开表格，进行检查数据的录入，然后可以实时提交到系统的服务器。这同样大大地方便了检查人员的工作。从这个例子我们可以看到，BIM技术与其他技术集成应用后，可以进一步改进目前应用的情况，带来更大的应用价值。

目前，最有潜力与BIM技术集成应用的技术主要包括：云计算、大数据、物联网、移动互联网、人工智能等。迄今为止，BIM技术与其中部分技术的集成应用已经开展，有的还刚刚开始，今后必将进一步发展，直至发展成熟。

3. 您认为BIM技术对数字建筑发展过程有哪些影响？

在广联达科技股份有限公司发布的“数字建筑白皮书”中，数字建筑被定义为，是虚实映射的“数字孪生”，是驱动建筑产业全过程、全要素、全参与方升级的行业战略，是为产业链上下游各方赋能的建筑产业互联网平台，也是实现建筑产业多方共赢、协同发展的生态系统。该定义将数字建筑划分为四个层次：数字实体层、战略层、平台层以及生态系统层。显然，数字实体层是基础，意味着应该建立每个建筑的数字孪生，实际上其核心就是 BIM 模型；战略层强调将数字孪生应用到产业的全过程、全要素、全参与方；平台层进一步强调将数字孪生应用到全产业链；而生态系统层则意味着将数字孪生应用到比产业链更大的范围——生态系统中。

不言而喻，BIM 技术是数字建筑的核心。在数字建筑中，所谓的“实”即实物建筑，而“虚”即指数字化建筑，也就是 BIM 模型。在数字建筑中，BIM 模型的最大价值即是，在实物尚未存在时，就可以通过 BIM 技术对它进行感知、模拟、检验，若感知、模拟、检验的结果不满意，就可以在实物建筑建造前，改变原始的设计，直到满意后再开始建造。

数字建筑的发展受制于 BIM 技术的发展。在 BIM 技术发展的早期，实现较高层次的数字建筑是不可能的，因为这时 BIM 应用限于很小范围内，例如施工项目或企业内，而相关标准还没有建立起来，妨碍 BIM 模型共享。随着 BIM 技术的发展，建模的效率越来越高，模型数据交换越来越容易，形成了便利的协同工作平台，而行业也愿意为 BIM 应用买单，则数字建筑的发展水平将达到一个新高度。

应该看到，数字建筑的理念虽然已经被提出，并且是大势所趋，但在实践中，数字建筑的发展水平还比较低，有待于随着 BIM 技术水平的提高而提高。作为 BIM 技术的发展方向，主要包括：更新的应用模式的提出，相关应用软件的成熟，以及相关 BIM 标准的确立。

4. BIM 技术与信息化管理系统应该如何集成应用，有哪些关键策略？

在建筑施工行业，目前 BIM 技术的应用主要体现在技术方面，在管理方面的应用还很不成熟。在管理方面，主要还在使用信息化管理系统，例如企业信息化管理系统以及施工项目信息化管理系统。毫无疑问，实现 BIM 技术与信息化管理系统的集成，将促进信息化管理水平的提高，并且必然带来经济效益。但是，BIM 技术与信息化管理系统的集成不可一蹴而就。我认为，在集成过程中，需要采取的关键策略主要有三点：

第一，应该以信息化管理系统为主线去开展集成。在信息化管理中，管理流程非常重要，因此，往往开展信息化的第一步是进行管理流程再造。一般好的信息化管理系统将会实现管理流程的固化。如果不以信息化管理系统为主线去开展集成，很可能拿信息化管理系统去迁就 BIM 应用系统，这样建立的系统用于管理时，不仅不能发挥信息化管理的潜能，而且必将碰到重重困难。

第二，应该首先对现有的信息化管理系统进行完善。这主要是因为建筑企业信息化管理在我国提出虽然已有十多年的历史，但企业的应用水平还很有限。很多企业主要在使用办公自动化系统，这离信息化管理差距太大。因此，实现 BIM 技术与信息化管理系统集成这项工作带来了一个完善现有信息化管理系统的好机会，企业应该利用好这个机会，首先将信息化管理系统完善好，再去集成应用 BIM 技术。

第三，应该在集成过程中最大限度地利用 BIM 技术的潜能。例如，BIM 技术可视化、可计算、可管理、可交换的特性。不应仅仅利用可视化的特性，还应考虑其他特性的应用。如果用好可视化特性和可管理特性，将可以大大改进信息化管理系统的用户界面，从而改变信息化管理系统的易用性。如果用好可计算特性，将改变信息化管理系统以往用户需要花大量时间去准备和录入数据后才能使用的瓶颈问题，大大提高用户的工作效率。利用可交换特性是必需的，即信息化管理系统应该支持各种格式的 BIM 模型的导入，这样才能解决施工管理过程中模型数据往往来源于不同建模软件的问题。

专家视角——陈浩

陈浩：湖南建工集团有限公司副总经理，总工程师，BIM 学院院长；研究员级高级工程师。中国建筑业协会专家委员会委员、中国建筑业协会技术与 BIM 分会副会长、中国建筑业协会绿色施工分会专家委员会副主任、中国城市科学研究会绿色建筑与节能专业委员会委员、湖南省房地产业协会轮执会长、湖南省土木学会施工专业委员会主任、中南大学硕士研究生兼职导师。近年来主持指导获国家级工法 12 篇、省级工法 75 篇、国家发明专利 10 项；主编国家行业标准 1 部，参编国家标准 7 部、行业标准 3 部。获国家科技进步二等奖 1 项，省级科技进步二等奖 1 项。主持创鲁班奖工程 5 项，指导创鲁班奖工程 7 项。2015 年以来以“流动站＋固定站”的形式，共指导建立 450 个 BIM 工作站。2016 年带领湖南建工 BIM 中心参加国内、省内五大 BIM 大赛，其中获得全国 BIM 比赛 16 个奖项，2017 年获得全国 BIM 比赛 29 个奖项。以下是陈浩先生对 BIM 应用现状的观点解读。

1. 湖南建工集团通过怎样的发展路径实现 BIM 技术的应用落地?

湖南建工在实现 BIM 技术的应用落地过程中，主要经历了以下三个阶段：一是通过试点项目，将 BIM 技术与生产实践紧密结合，总结试点项目的经验，并以“流动站＋固定站”在各项目层面进行复制推广。这个阶段的应用水准有三个层次，浅层次是 BIM 技术的工具级技术应用，进阶层次是离散型的岗位管理应用，高层次是平台级的各岗位协同运行。二是以点带线，示范联动，建立三层 BIM 工作体系。以集团 BIM 中心为大脑，运筹帷幄，全局管理；分子公司 BIM 分中心是中枢系统，起到上传下达作用；项目工作站，是 BIM 的工作触角，形成以项目前端工作站为执行，BIM 中心整体的技术力量为后台的“小前端＋大后台”模式，支持项目部日常生产。三是以线带面，扩展应用领域，由单一的房建工程拓展至市政、公路、桥梁、机电安装和水利水电等多专业；在公司层面要横向联系，BIM 中心要升级为企业的数据中心，为各管理模块提供业务支撑。

而在这三个阶段中，BIM 工作始终以“强制性、自主性、公益性”为宗旨，即强调 BIM 应用率、强调自主应用、强调义务服务。同时，构建好 BIM 中心的内核，有利于形成 BIM 工作推进的主动能；建立起“一体两面”的工作架构，即设置技术委员会和考核委员会，把关技术成果，考核评估督促。

2.作为地方企业，湖南建工集团如何通过BIM技术实现企业的转型升级？

不同的应用思维导向，产生不同的价值。当前很多BIM应用仍然在强调出图率和正向设计，这对于设计单位是直接的需求。而对于建筑企业而言，项目业务运行是直接的需求。为此，湖南建工认为BIM与项目业务运行的联系，应当以业务模式为导向。利用BIM特性，发散性地展开技术思维、管理思维、经营思维，建立一个星系图就能较好地理解这层关系。

对于施工总承包模式而言，技术思维是两站合一，即“流动站+固定站”，服务施工生产；管理思维是过程控制，以PCS（Process Control System）系统来支撑，一般应用BIM+PM的项目管理平台；经营思维是数字化项目，全面的BIM数据与岗位、流程、职能结合，高效运行。BIM对于此种模式的直观价值是节约。

对于集群管理（又称多项目管理）模式而言，技术思维是集中建模，应建立统一的模型标准、数据标准。管理思维是各职能的指标化控制，以MES（Manufacturing Execution System）系统来支撑，体现在建立ID编码系统，互联各类数据库，建立相应的平台组件；经营思维是信息化公司，各管理模块互生共生，部门墙被破除，海量BIM数据被降噪后，在各类组件系统中互通。BIM对于此种模式的直观价值是集约。

对于EPC工程总承包而言，技术思维是“一模到底”，即解决当前模型不可互用的问题，一个BIM模型及主数据，能在设计、施工、运维的全链条中贯彻使用；管理思维是ERP系统，这时PCS和EMS的底层系统已经建立完成，ERP的运行能够协调企业生产力和资源充分释放；经营思维是互联网企业，各生产要素在可控的维度内赋能给所有参与者。BIM对于此种模式的直观价值是增值。

3. BIM技术推进过程中，企业、项目、岗位的工作分别要侧重哪些方面？

岗位对应的是项目操作层，直接面对的是各类繁忙的生产任务，其BIM工作的重点是基础操作。项目层面对应的是执行层，需要平衡各类资源，合理调配分工，其BIM工作的重点是协同管理。岗位和项目是强相关的，湖南建工提出了“一心六面多岗”的项目管理模式，“一心”即以BIM模型为核心，“六面”是指项目管理包括商务、物料、质量、安全、进度、资料等六个方面，“多岗”即在各个岗位围绕项目管理基础工作，展开单项工具级和跨岗位的协同管理BIM应用。

企业对应的是管理层和决策层，需要进行多项目管理。传统管理易产生条块分割的特点，直接影响管理效率，影响决策。这个阶段的BIM核心工作要超越简单三维展示和只聚焦于单一重点项目，而重点去关注数据，去挖掘信息，去服务管理。同时，BIM人才培养、技术服务是常态性工作。BIM中心是培育人才队伍的新兵连，持续输送各层次的BIM工程师；是探索技术进步的发动机，助力新兴业务和技术攻关；是保障高效运行的司令部，为信息化管理注入新能量。

4.湖南建工集团在BIM应用中走过哪些弯路，其他企业应如何避免？

BIM工作不是一蹴而就的，对于BIM的认知也是随着应用的深入而发展的。前两年，我们主要停留在项目层面的应用，建立族库、创建知识库系统、持续开展BIM学院培训，做了很多积淀性的工作。对于BIM与企业信息化管理的结合，我们一直在思考，尤其是从2017年5月开始，在持续琢磨思考中形成了“三级四线”的理论，即基于BIM的建筑企业三级管理系统及工程数据云技术应用研究。理论上研究越充分，预计到的困难也就越多。我们担心一旦启动后涌现的各种困难，短时间内会分散和消耗大量的管理资源，使BIM推进工作陷入相持阶段。

正是在2017年9月，湖南建工集团承担了湖南省的易地扶贫搬迁建设工作，要在5个月的时间里完成181个点，246万m^2的建设任务。工作点多面广，任务紧急繁重，使得管理成为一大难题，我们尝试性地应用BIM技术，采取集中建模，集中管理，集中结算，迅捷开发多项目管理平台。在五个月里，平台逐渐被认可，为各管理部门所用，累计注册了5580位用户，形成了46万条使用数据，云空间结构化地管理了120T的信息。

BIM技术在这次大会战中的经验给了我们信心，也让集团决定加快BIM技术对企业管理的升级。2018年开始，我们将完成所有在建2000余项目的ID编码系统建立，以BIM技术为主数据，将其他工程数据结构化，定制开发专门化组件，建立各类业务集成的一体化管理模式。

最后我给大家带来三个个人建议。一是选人，单纯的计算机人员无法满足需求，需要具备工程专业学识、施工管理经验、信息化思维的复合型人才。二是BIM应用模式，“一模到底”才是终极目标，完成深化设计、达到施工需求、添加造价信息的BIM数据模型才能够在链条上充分释放价值，并为后续管理提供基础。三是最终需求的是信息，BIM软件是服务于人，而不是形成使用门槛，不只是软件功能探索，而是围绕业务与管理需求，挖掘有价值的信息。

专家视角——汪少山

汪少山：广联达科技股份有限公司副总裁，广联达BIM业务负责人，中国图学学会BIM专委会委员。曾参与编写《中国建筑施工行业信息化发展系列报告》，参与指导多本企业BIM实施方法书籍的编写。2015～2016年参与策划工程建设领域BIM技术应用全国大型公益讲座及其他国内知名BIM会议。受邀接受《施工企业管理》《中国建设信息化》《中国勘察设计》等国家专业期刊专访。以下是汪少山先生对BIM应用现状的观点解读。

1. BIM技术的应用给建筑行业带来了哪些变化？

在中国经济步入新常态的大背景下，数字信息技术的加速创新和深化应用成为了经济社会转型升级的巨大内生动力。在建筑行业发展的大环境和新形势下，企业尚存在诸多不适应的状况。BIM的应用与推广对行业的科技进步与转型升级产生巨大的影响，同时也将成为促进行业发展的推动力量。去年的行业报告数据显示，建筑企业对BIM技术的实际应用需求和范围在不断扩大，43.2%的企业在已开工的项目中使用了BIM技术，并且呈现BIM应用点越来越多、应用程度越来越深的趋势。

作为促进建筑业第二次“科技革命”的先进代表，BIM技术将对建筑业的科技进步与转型升级产生不可估量的影响。应用BIM技术是推进建筑产业现代化的有效途径，对于建筑行业，BIM技术的应用就是达成智慧建造和工业级精细化的重要手段。再加上BIM技术具有可视化、集成性、协同性的特点，可以使数据和模型通过组合贯穿整个生命期，使项目获得的信息随时随地被了解，从而实现项目的精细化管理。

BIM技术的应用以工程项目为核心，通过专业化、智能化和协同化的信息技术，搭建数字协作平台。通过平台运行完善信息传递流程，为各个岗位的负责人及时推送准确的信息，保证各责任人及时收集、分析问题原因，并对其进行整改。同时，建筑企业积累了最真实的项目数据，为形成企业大数据，真正实现企业的集约化经营提供了可能性。

2. 现阶段建筑企业的BIM应用存在哪些困扰？

我认为现阶段建筑企业BIM应用的困惑主要集中在三个方面：缺少BIM价值的衡量标准、缺少BIM应用实施的有效方法以及缺少BIM人才。

对BIM价值应该如何衡量，现阶段还没有一个科学的评价体系，尤其是企业最关心的经济价值方面更是无法具体量化，这就导致了BIM应用价值常常受到质疑。清华大学顾明教授的研究数据显示，企业BIM的应用率超过30%，投资回报率是正的；应用率小于15%，投资回报率很可能会是负的。现阶段大多数企业BIM的应用率相对不高，看不到投资回报就成了普遍现象。同时，BIM标准不统一造成上游的模型很难在下游被复用，重复建模严重，数据无法有效共享和传递，这都导致BIM模型价值无法完全体现。由此可见，如何建立一个能够衡量BIM价值的评价体系尤为重要。

在应用方法方面，大部分企业由于缺少科学系统的BIM实施方法，导致BIM技术的推广受到严重制约。去年的BIM行业报告调研显示，企业缺乏BIM实施经验和方法是企业碰到的主要问题，达到36.7%。进一步数据表明，科学合理的实施规划有利于企业BIM应用的效果，具有清晰的近远期BIM规划目标的企业，BIM推进效果非常满意达到28.3%，基本满意达到54.4%，远远高于无规划企业3.8%和19.4%的满意度水平。BIM作为新技术应用，应该遵循科学的实施方法，包括科学规划、配套保障、应用标准评价等内容，正确的实施方法对BIM应用效果和价值的发挥具有关键作用。

从BIM人才的角度看，缺乏BIM人才是建筑企业在推进BIM技术发展过程中最大的阻碍，对于企业而言，建立完善的BIM人才体系尤为重要。BIM应用人才体系建设包括组织结构、人员分工、人才培养方法、人才考核评价方法等一系列内容。BIM人才的培养可分为项目和企业两个层面。项目部层面需要通过建立项目BIM中心，联合软件供应商、咨询单位等，结合项目特点，通过实践培养人员的BIM应用能力，形成BIM应用岗位职责要求、考核评价方法及和BIM咨询方的协作分工等管理体系。公司层面需建立企业BIM人才培养体系，通过公司级BIM中心等专职机构，建立BIM专职人才和管理团队协作的组织结构体系及配套的职责分工等内容，因BIM技术的推广方向与各企业的管理模式有很强的相关性，这就需要企业对如何将自身的管理流程和BIM技术相互融合进行探索。

3. 如何看待现阶段 BIM 技术的应用趋势?

BIM 技术的核心是保证信息的流通。企业推行信息化大多都是从上往下去推动，越往下落实越难。系统的庞大、流程的繁冗使得一线的信息数据几乎很难做到同步采集和层层传递，渐渐就形成了信息化推进的瓶颈，就是我们常说的最后一公里的信息孤岛。而 BIM 技术可以成为连接这些孤岛的桥梁。BIM 的可视化、集成性、协同性，使得模型和数据的结合能够贯穿建筑全生命期。从 BIM 应用发展的趋势上看，主要呈现从技术到与管理融合应用、从施工阶段到全过程应用、从项目级到企业应用的三大趋势。

现阶段，BIM 早已不只是停留在技术层面的研究。调查显示，认为 BIM 技术与项目管理信息系统集成应用，实现项目精细化管理将成为未来趋势的比例高达 74.5%。同时，BIM 技术逐步在协同设计、工程量计算、施工组织模拟等管理类业务中得到应用，提高了部分业务的管理效率，并且深入到包括成本管理、进度管理、质量管理等各个方面，BIM 技术与管理的融合应用成为 BIM 应用的一大趋势。

此外，BIM 技术也逐渐从施工阶段为主的应用向全过程应用转变。目前，有很大一部分建设单位不但要求施工阶段应用 BIM，还要求交付 BIM 竣工模型，以便于后期运营维护应用。BIM 正在从施工阶段的普及应用向运维阶段延伸。BIM 作为载体，能够将项目在全生命期内的工程信息、管理信息和资源信息集成在统一模型中，打通设计、施工、运维阶段的业务分块割裂、数据无法共享的问题，实现一体化、全过程应用。

对于建筑企业而言，BIM 的应用重心也从项目上逐渐过渡到为企业带来价值。随着 BIM 技术应用的深入，企业层面的 BIM 应用也开始越来越多。企业层面通过应用 BIM 技术，实现了企业与项目基于统一的 BIM 模型进行技术、商务、生产数据的统一共享与业务协同。保证项目数据口径统一和及时准确，实现了企业与项目的高效协作，提高了企业对项目的标准化、精细化、集约化管理能力。同时，企业广泛应用也倒逼行业监管部门推动 BIM 技术的发展。目前，很多行业主管部门在招标投标、设计审图、竣工备案等监管环节中探索 BIM 技术应用，随着 BIM 技术的成熟和相关配套政策的实施，行业监管的 BIM 应用将会成为常态，为行业发展提供更好的环境。

4. 哪些因素将影响 BIM 技术未来的发展?

关于 BIM 发展的关键因素，我认为主要有五个方面：第一是人才培养，在这两年的 BIM 应用情况调查中，BIM 人才的缺乏是企业推行 BIM 应用的最大阻碍。在我看来，建筑企业解决 BIM 人才缺乏的问题主要还是要依靠自身的培养。BIM 是项新技术，所以就要求 BIM 人才具有复合型属性，既要懂 BIM 技术的应用，也要了解工程业务和管理。这就需要企业通过更多的项目实践培养复合型 BIM 人才，从而推动企业 BIM 技术的良性发展，最终使得 BIM 技术成为各岗位人员的必备技能。

第二是平台选择，BIM 的数字化属性与云计算、大数据、物联网、移动互联网、人工智能具有天然结合优势，这为搭建多方数据信息协同的应用平台提供了支撑。推动企业 BIM 应用发展将会经历一段过程，在选择 BIM 平台时就需要从多方面考虑。值得一提的是，随着企业应用项目数量的不断积累，BIM 平台的信息数据安全就将成为企业最为关心的一大问题。从整个行业角度看，所有工程信息的数据安全甚至需要提升到国家层面来看待。这就要求我们应用自主研发的图形平台，以保证数据的安全性。

第三是标准支撑，我国的 BIM 标准已经初成体系，但与 BIM 应用领先的国家仍存在差距。随着国家层面的 BIM 标准陆续出台并逐步完善，地方性标准以及不同专业标准也相继成形，再加上企业自身制定的 BIM 实施导则，将共同构成完整的标准体系，指导 BIM 技术科学、合理地良性发展。

第四是制度配套，BIM 的发展对政府监管提出了要求。BIM 越来越普及的应用是政府开放信息平台、实行资源共享的有效手段。随之而来的“互联网＋”、智慧城市、绿色建筑、参数化设计，对政府监管方式也提出了要求。

第五是模式变革，新技术的革新都将伴随模式的变革，而 BIM 在项目的落地不仅仅是把模型建好、把数据做出来，更重要的是结合项目的管理，融入现有的管理模式，和管理强结合，进而优化流程和制度。BIM 的协作可以将管理前置，降低风险，让上下游各方直接受益。基于 BIM 平台的信息交互方式使得项目管理各参与方信息共享和透明，将原来各自为利的状态转化为追求项目成功的共同利益，从而实现各自最大利益化，推动管理模式的革新与升级。

专家视角——姚守俨

姚守俨：中国建筑第八工程局有限公司 BIM 工作站站长；教授级高级工程师。近年来承担国家“十二五”科技支撑计划子课题 1 项；国家“十三五”重点研发项目子课题 1 项。主编、参编 BIM 专著 5 部；参编 BIM 国家标准 2 部；形成软件著作权 8 项；获得专利 5 项。其所在团队近年来获得中勘协全国 BIM 大赛一等奖 14 项；中建协全国 BIM 大赛一等奖 31 项。以下是姚守俨先生对 BIM 应用现状的观点解读。

1. 中建八局在应用 BIM 技术的驱动力在哪？如何看待投入产出问题？

中建八局在应用 BIM 技术的驱动力上主要体现在三个方面。一是企业转型升级的需要：中建八局的主要业务由施工总承包模式向工程总承包模式转变。随着管理领域的扩大，相关领域的知识学习与更新，迫切需要采用一种新技术、新方法、新理念，促进企业适应新环境。而建设期中 BIM 技术在信息的集中性、关联性、连续性等方面具有明显优势，帮助企业实现跨越式的转型升级目标。二是项目管理的需要：中建八局对项目管理提出设计管理、计划管控、采购管理、专业管理、资源整合等“五大能力”的提升要求。而 BIM 技术在设计成果校验、工期模拟、专业之间的沟通、材料跟踪等方面都能提供最佳解决方法。三是工程管理的需要：随着中建八局承建一批“高、大、新、尖、特”的工程，对工程管理提出了新的考验。BIM 的模拟性将虚拟建造变成可能，使工程管理通过 BIM 技术，提高工程中发现问题、解决问题的能力，从而实现施工、运维阶段的管理前置。

关于 BIM 技术的投入产出问题，我主要从三个方面进行阐述。一是由于 BIM 属于软科学范畴，直接经济效益不宜计量，主要是通过提高传统工作的效率与质量体现其价值。因此，BIM价值的综合效益占比较大。而BIM投入部分主要是BIM应用所需要的硬件、软件以及培训、实施的时间成本，分为固定投入和动态投入两类。二是提高BIM模型的复用度，摊薄BIM模型的创建成本。目前，BIM应用环境搭建成本占比较大，只有提高BIM在工期、施工方案、质量检查、安全管理、材料管理、成本管理领域的应用及使用次数，才能有效降低BIM应用投入的成本。例如，互联网BIM族库建设就是摊薄BIM族建立成本最好的例证。三是科技研发，减少BIM环境搭建的成本。针对BIM建模时间长、规范差、变更模型需维护等问题，中建八局开发族库管理、快速建模、钢筋排布、工艺库、协同平台等系统，重点解决BIM应用出现的上述瓶颈问题，降低BIM应用成本。

2. 中建八局在推进BIM应用的过程中是如何规划和思考的？

BIM应用过程中的规划与思考主要有四个方面：第一是先模型后信息，打好BIM应用的基础。模型是载体，信息是主体。模型与信息之间的关系是“皮”与“毛”的关系，即“皮之不存毛将焉附”。因此，从模型入手，从基础抓起，是保障BIM持续应用发展的根本。第二是先有后优，逐步探索BIM应用的范围、特点。作为新事物，大家接受程度不同，实属正常现象。在初期，参与BIM应用比BIM的应用效果更重要，不求全责备，万事开头难。随着BIM的普及发展，一批参加过BIM培训的员工走到项目领导岗位，为BIM应用打下了良好的基础。第三是由点到线，由线到面循序渐进地推进BIM应用。对于BIM应用始终坚持“实事求是”的原则，采用试错方法，对BIM在施工阶段的应用，沿着管理线和业务线，横向到边，纵向到底，一点一点地探索BIM应用的价值。按业务体系形成BIM应用链条。最后整合、集成为BIM平台。第四是知识梯次转移，逐步形成各层级管理机制。随着BIM的不断发展，对BIM应用的认知也不断刷新。任何一级组织都无法包打天下，必须进行分工合作，才能实现共赢。局、公司、项目三级管理机构的应用能力也是随发展阶段不断发生由上到下的传递，形成上下联动、优势互补的局面。

3. 中建八局BIM应用成功的最关键因素有哪些？

中建八局BIM应用能取得今天的成绩因素很多，如企业文化、企业转型机遇、外部环境等。在我看来主要有以下几点：一是各级领导重视。无论是从2008年毛里求斯机场到2012年局BIM工作站成立，还是2014年年底，局长担任局BIM领导小组组长，都表明中建八局领导及系统领导对于新技术的关注与认可。正是领导的高瞻远瞩、提前布局，持续不断地给予支持，中建八局才取得了BIM应用的先发优势。二是坚持八局的发展特色。在发展过程中，我们坚持BIM是大众化、BIM探索是试错过程、BIM的价值在于辅助管理。随着培训人员从施工员到预算员再到项目总工程师、项目经理等各管理岗位，BIM应用也在不断尝试中，总结应用领域和应用价值点。随着BIM应用项目数量的增加，同一BIM应用点不断重复，在重复中发展，在发展中升华，使得BIM应用日趋完善。三是建立考核机制，打造创新交流平台。发展初期与各单位总工程师签订BIM应用责任书，将BIM应用推广工作与总工程师的考核目标挂钩，利用行政手段推动 BIM 应用的起步。随着 BIM 应用的发展，利用每年举办的局 BIM 应用大赛这样一个学习交流的平台，使大家及时了解兄弟单位的 BIM 发展动态和新的应用点。实现 BIM 应用总结得到快速传播，形成一个开放、共享、共赢的局面。

4. 企业推广 BIM 应用过程中普遍存在哪些困难，有什么解决办法或思路?

关于企业推广 BIM 应用过程中所遇到的困难与解决办法，主要存在于以下三个层面：在思想层面上基本上就是，一说就懂、一学就会、一做就“错”。当然，这个错是加引号的，是指 BIM 应用效果差强人意。主要解决方法是明确 BIM 应用其实是业务能力的表现，业务引导 BIM，业务水平的高低直接影响到 BIM 应用的效果。因此，提高 BIM 人员的施工业务水平是保障 BIM 应用效果的重要手段。在人员层面上要说动高层领导投入，也要教会基层员工使用。作为企业运营的中层干部如何用 BIM，要通过 BIM 技术解决哪些企业问题是首要问题。首先，要利用互联网、云技术等方式让中层干部能够实行 BIM 应用；其次，要利用 BIM 技术实现管理数据可视化、统计数据可追溯。在社会层面上谁施工谁负责 BIM 的维护，大型建筑企业或者说特级资质企业做得比较好，但是大量的分包单位、设备供应商的 BIM 能力都不能满足现阶段的需求。首先，政府或建筑行业要引导促进中小企业开展 BIM 应用；其次，业主或总包方在分包合同中应该明确分供商对 BIM 应承担的责任；第三，社会第三方 BIM 咨询单位，应该细分市场，要有向中小企业提供服务的 BIM 咨询方。

5. BIM 推进过程中，企业、项目的工作分别要侧重哪些方面?

在 BIM 应用过程中，企业应该担负起主责部门的角色。作为企业 BIM 管理机构，它的工作内容与职能也是随着 BIM 的发展而改变的，只有这样才能适应并推动 BIM 发展。第一阶段是培训—实施—探索。探索主要是发现，实施还有传播的作用。第二阶段是培育—积累—研发。培育主要是 BIM 氛围的培育，积累主要是 BIM 的族、技术交底等方面，研发主要是遇到哪些问题，寻找相关的解决方案。第三阶段是管理—科研—引领。当 BIM 应用规模达到一定数量的时候，BIM 应用管理自然而然地提到日程上来。科研主要是指一些前瞻性 BIM 应用的研究。

对于项目上的 BIM 工作组，工作内容也是不断变化的。第一阶段主要是参与 BIM 实施和探索，这个阶段的项目都是管理比较好的。第二阶段是自主实施，就是项目上针对工程特点，有针对性地实施 BIM 应用，这个时候 BIM 发烧友、一些先行者，他们会结合自身的工作自觉性进行 BIM 应用。第三阶段是应用落地，这个阶段的主要特点是有组织地全员参与到 BIM 应用中，实现项目的全员 BIM。

第2章　建筑业BIM落地方法分析与总结

BIM应用的落地，要真正发挥其价值，一定离不开四个要素：人、环境、工具和方法。只有这四个要素同时达到合格的要求，才有可能实现BIM的落地应用。BIM是一种组织行为，其应用和实现需要依赖于特定的内部和外部团队。公司、项目、人员需要合理的分工与配合，才能实现BIM的应用价值。

公司进行BIM规划、项目制定BIM应用方案、个人对应用方案进行执行落地，自上而下规划，自下而上执行。公司是BIM落地实施的主要推动者，在过程中起主导作用，公司能够为BIM应用提供必要的项目、人员、经费和生产工具（软件和硬件）。公司负责公司BIM应用的整体规划，明确应用的目标、应用方法等，同时对项目提出应用的具体要求，制定考核、激励等制度等。项目是公司BIM实施的载体，需要对公司BIM规划进行承接，并将公司的BIM规划以及自身的管理需求，在项目上进行具体的BIM应用。项目对公司的规划进行落实、对应用方法进行实施验证，并进行总结优化，给公司反馈实施经验和方法优化建议，以促进公司BIM规划、应用方法不断完善。人是公司BIM规划、项目BIM应用的具体执行者。公司相关人员要明晰各自的工作职责，做好BIM规划、项目应用检查、激励考核等相关工作；项目各部门、各岗位人员应明晰项目BIM应用方案设定的相关目标与实施方案，将BIM应用与本岗位工作相结合，掌握利用BIM进行管理的方法。

同时，BIM应用离不开公司的内部和外部环境。对于公司内部环境，属于公司主观可控范围，尽量营造好的应用环境氛围。比如举办公司内部的BIM应用大赛，评选BIM应用优秀项目等。而公司外部环境，属于不可控范围，不会因公司的主观意愿而快速改变。比如目前可执行的行业标准体系还没有形成，相关的软硬件的适用性还有待提升等。对此，企业在BIM应用中应发挥积极主动性，利用现有资源结合自身客观条件营造应用氛围，创造应用条件，选择适合本企业的应用方法，分阶段、分步骤实践。对于外部环境，则需要通过企业积极响应，逐渐扩大影响直至转变。这个过程不能急，但也不能等。

2.1　公司BIM应用方法分析

公司作为BIM应用的主导者，在进行BIM应用时，首先需要先明晰公司在BIM应用中的职责，以及公司与项目和个人之间的关系，并且公司要在BIM应用过程中积极营造应用氛围，促进BIM应用快速向前发展。同时，公司在BIM应用过程中要及时对规划和方法进行总结和完善，并将之进行推广。

2.1.1 公司 BIM 应用的职责

公司 BIM 应用的职责包括：制定公司 BIM 发展规划，结合公司规划和项目特征制定项目 BIM 应用要求，对项目和个人的 BIM 应用制定激励和考核制度等。

公司的 BIM 总体发展规划包括短期规划、中期规划、长期规划，在制定 BIM 总体发展规划前，首先需要明确公司 BIM 应用的方向，制定 BIM 应用目标。公司 BIM 总体发展规划的制定，需要考虑企业现状以及公司的整体发展战略。其次是根据规划设定的目标，制定可行的实施步骤和方法。包括实现短期目标，试点项目的选择，就 BIM 应用的重点项、尝试项、探索项等方面制定项目切实可行的实施方法。实施步骤和方法规划中还需要考虑对试点项目的验收方法及评判标准，以及后续的推广策略，以便由短期目标转为中期、长期目标的实现。在作规划设定时也要考虑人员的因素，所有规划最终都是要靠人来实现的，所以要根据所设定的 BIM 应用规划，判断所需人员的数量要求和能力要求，依此制定相应的人员培养目标。为了保证公司 BIM 应用数据相互共享流转、人员培养的统一性、应用推广的发展节奏等因素，公司需要在规划中考虑软硬件的选择。企业应当根据设定的 BIM 应用目标以及自身的业务需求和项目专业类型，选择合适的 BIM 软件（工具类和平台类）与硬件以及网络环境，选择满足自身需求的 BIM 系统，并且确保 BIM 系统的稳定运行。软件系统的选型除了要考虑满足自身业务需求外，还需要考虑系统的可延伸扩展性，是否可以满足中长期规划发展目标的需求，是否能够实现与公司现有其他系统的兼容、对接；在考虑软件系统的运行稳定性时还需要考虑供应商对售后服务响应的及时性。另外，业务设计的变动必然带来组织架构的调整，所以在公司规划中还要考虑组织机构的规划设计。

制定项目的 BIM 应用要求和标准方面，公司需要根据公司的 BIM 应用规划，对不同情况的项目进行不同应用要求和标准的制定，比如可以将公司 BIM 应用目标按照 BIM 应用项的复杂程度和对项目的难易要求，将项目 BIM 应用分为 A 级应用和 B 级应用、C 级应用和 D 级应用，不同应用等级的应用要求不同，应用标准也不同。公司在制定项目 BIM 应用要求和标准时，要明确项目各职能部门的应用要求。从公司层面明确提出项目各职能部门的 BIM 应用要求，保证项目各职能部门人员参与到 BIM 应用中，避免出现所有 BIM 应用集中到 BIM 中心，不能融入项目业务管理的情况发生。

建立 BIM 应用考核制度方面，可以将项目 BIM 应用考核设置为项目整体考核的其中一项。公司根据项目应用等级、应用要求设定相应的考核标准，标准需要包括过程考核和结果考核两部分。公司将 BIM 应用检查作为公司对项目过程应用的检查内容，检查结果作为过程考核项，保证项目能将 BIM 应用贯穿到项目管理过程中。将公司对项目的 BIM 应用要求和标准作为结果考核项，保证项目的 BIM 应用方向与公司规划保持一致，保障公司 BIM 应用能够在项目落地执行。

建立 BIM 应用激励制度方面，可以对 BIM 应用中有突出表现的团队和个人给予一定奖励。比如如果有由于应用 BIM 技术导致项目成本支出明显降低、项目管理效率明显提升等情况存在，就可以根据激励制度中的标准给予落地执行团队和个人相应的奖励；对于实施方法提出优化改进建议并被采纳的团队和个人也应给予相应的奖励。

2.1.2　公司与项目及个人 BIM 应用的关系

项目是公司 BIM 实施的载体。项目根据自身特点、BIM 应用需求并结合公司对项目 BIM 应用的要求和标准，将公司的 BIM 规划在项目上进行具体实施。项目根据公司 BIM 规划的应用目标进行拆解，落实到具体职能部门和具体岗位，保证 BIM 应用责任到人，为 BIM 应用落地提供最基本的保障。公司是项目 BIM 实施的管理者和辅导者。项目是公司 BIM 规划、实施方法的直接执行者和验证者，项目的 BIM 应用情况决定着规划能否实现，项目的 BIM 实践可以验证实施方法是否可行。作为管理者和辅导者，公司还要在项目 BIM 应用过程中进行检查管理，保证项目严格执行应用要求和标准；过程中公司对项目提供 BIM 应用指导，保证项目能够正确掌握实施方法并具备实施能力，从而实现项目 BIM 应用的顺利推进。项目是公司实施方法的完善者，项目将公司提供的应用方法在项目上实施，对实施过程和结果进行总结、评价，并提出优化改进建议，从而形成对 BIM 实施方法执行、验证、改进的管理闭环。

人是公司 BIM 规划、实施方法的具体执行落地者。公司 BIM 规划的应用实施，最终会拆解到个人身上，那么人员将是公司 BIM 规划是否落地的直接影响因素。个人应根据公司 BIM 规划中的 BIM 应用要求和标准，明确自身需要掌握的 BIM 应用内容和相应技能。公司是人员 BIM 应用的辅导者和管理者。公司需要对各岗位人员提供软硬件应用、管理能力等技能的培训，使个人具备 BIM 应用的技能要求，同时公司需要对人员在 BIM 应用过程和结果方面进行考核和激励。

2.1.3　公司内部 BIM 应用环境的营造

BIM 应用必然会受到内部和外部环境的影响。内部环境有如 BIM 应用的激励考核体系、领导的重视等，外部环境有如 BIM 应用的行业标准，相关软硬件的应用成熟度等。对于外部环境的改变，需要一个过程，企业很难有所作为。对于内部环境，企业是可以改变的。企业内部正向环境的营造，将为 BIM 的贯彻实行带来助力作用。如何塑造正向的企业内部环境，可以参考如下几个方面：提升领导对 BIM 应用的重视度，可以通过以各种方式（会议、文件等）向全公司员工表达企业高层领导推行 BIM 的决心；企业高层领导的持续关注并且对 BIM 团队及时提供必要的指导、资源和帮助；可以接触高端会议并且组织考察，探索应用方向；建立制度保障，考核和激励的方法，定期审核项目应用情况；关注应用价值，以业务驱动 BIM 应用，总结项目成果亮点及时分享。

2.1.4　总结并完善公司 BIM 应用推广方法

公司需要对 BIM 应用按照 PDCA 原则，不断总结优化与完善，形成在公司范围内进行可推广的 BIM 应用实施方案，对项目应用进行切实可行的指导。总结并完善的、可推广的实施方法需包括以下方面。

1.不同项目类型的BIM应用方案

项目的类型与特征不同，项目的BIM应用需求则不同，所采用的BIM应用方案也就不尽相同。比如与住宅项目相比，医院项目管道种类数量更多，这时对净高的要求就比较高，所以对于医院项目，需要采用BIM技术进行净高分析，保证净高在设计使用需求范围内。而住宅项目的管线少，对净空的控制要求也没有医院那么高，在BIM应用中就不需要对净高进行分析。所以说不同的项目类型，对BIM技术的应用需求以及制定的应用方案一定要差异化对待。因此，在总结BIM应用方案时，需要按项目类型进行分类，梳理各类型项目的特点以及施工过程中所面临的难点，进而给出对应的BIM应用方案。同时，公司的BIM应用方案也需要在具体项目应用中不断地验证和优化完善。

2.不同岗位应用清单及成果输出

公司BIM应用方案，需根据项目各职能部门、各岗位的工作内容与流程中所面临的难点和需求，总结出不同岗位所需的BIM应用内容清单以及该岗位需要输出的应用成果。比如项目技术人员就复杂工艺及复杂节点对现场人员进行交底时，常规方法不容易清楚展示及表达，如采用BIM三维方案交底，直观易懂。所以，对于技术部技术人员BIM应用清单中就需要明确列出复杂节点BIM三维交底方案、输出成果三维节点图等应用内容。

3.不同应用内容对应的软件

不同的BIM应用方案、不同的BIM应用清单，所需要采用的BIM软件不一定相同。首先，需根据项目实施应用反馈，总结不同应用内容、不同应用环境下所采用的相关软硬件。所采用的软硬件一定要从实际的应用内容出发，需能达到应用要求。其次，需考虑软件的易用性与普及性。比如在机电深化设计中，支吊架的设计可以采用专业的机电深化设计软件，这时在效率上会比通用的建模设计软件效率有所提升；比如幕墙工程，如果是双曲面异形幕墙，采用专业的装修建模软件进行建模，模型的精确度要比通用建模软件效果好得多。

2.2 项目BIM应用方法分析

项目是公司BIM应用规划的执行者，是BIM技术的落脚点和载体。在项目BIM应用过程中，以项目真实需求（包括项目管理者、操作者的需求）为驱动是项目BIM应用落地的核心，在已经成熟的应用点进行项目落地及创新，在非成熟的点中进行尝试和突破，不等待、不冒进，站在全局角度看待项目BIM应用推进尤为重要。

项目BIM应用步骤分为如下三个方面：确立应用目的及目标、应用方案的策划、项目应用总结。项目应用目标包括管理目标、人员培养目标、方法验证目标、创新目标等；应用方案策划包括应用点的确定、软硬件的选型、组织架构的设定和分工协作、整体工作流程、制定激励与考核制度等；项目应用总结包括对应用目标偏差的分析、应用效果评价、人才培养方法总结、类似项目应用建议等。

2.2.1　项目BIM应用目标的制定

项目BIM应用目标应结合企业BIM应用规划以及项目自身特点及需求进行制定。这其实是在回答应用BIM技术想要达到什么效果的问题。同时目标的设定要结合项目实际情况和能力水平、公司BIM要求，并综合考虑可能遇到的风险进行确定，同时应尽可能做到清晰和量化。

管理目标的设定：项目在承接公司BIM应用规划和提出BIM应用要求的同时，要结合项目的实际管理业务需求，分析项目本身的特点，特别是管理难点、需要解决提升的方向，从而确定通过BIM应用解决的实施方案以及BIM应用的管理目标。比如通过BIM应用解决在项目管理中存在的部门间信息共享不及时、信息传递衰减等问题。

方法验证及优化的目标设定：公司总结的实施方法一般具有较好的通用性和实用性，但项目各方面的特点例如工期、项目体量、进度安排、商务管理方式、参建方对于BIM的态度以及BIM应用的侧重点、项目人员的能力等往往存在着较大的差异，需要在项目实施过程中进行进一步的验证及优化。比如实施及业务流程、人员配置及分工、应用推进节奏等都需要不断进行优化完善。因此，项目应设定方法验证的目标，哪些实施方法在项目BIM应用中进行验证，什么时间输出验证结论和相应成果，以便不断优化和完善公司的BIM应用方法。

人才培养的目标：项目在BIM的应用过程中既要解决业务难点、管理诉求，同时也要把人才培养出来，所以需要项目在BIM应用的同时制定人才培养的目标。比如通过本项目的BIM实践培养出结构建模人员几名、机电建模人员几名、综合BIM应用人员几名等。同时梳理出人员培养的方法，以便优化和完善公司对BIM人才培养方面的方法。BIM人才的培养可采取公司流动驻场老带新，通过项目实战共同梳理项目实践思路的策略，从意识、能力两方面进行突破。

创优及创新目标的设定：创优及创新目标包括国家及地方对行业的评优奖项、评选BIM应用模范观摩基地等。基于项目设定创优目标是对项目的一种引导与激励，目标更容易清晰及量化。对于实际应用情况较深较好的项目，应积极参与国内外各类BIM大赛和模范观摩基地的评选，一方面是对自身应用成果的检验，另一方面可以通过大赛或观摩进行项目及公司品牌宣传，积累社会效益，彰显公司实力。在创新方面也可以通过论文和课题研究，以及从BIM与其他技术的结合上进行考虑。

2.2.2　项目BIM应用方案的策划

目的与目标确立之后，需要围绕目的与目标制定切实可执行的BIM实施方案，对于现阶段项目BIM应用的推进来说，以项目真实的需求或难关痛点为出发点，以解决某些实际问题为目的显得尤为重要。

项目BIM应用方案策划应包含如下几个部分：BIM应用点的规划、软硬件选型、

BIM 实施组织架构及分工、项目整体实施节奏与流程、制定实施保障制度。

（1）BIM 应用点规划：项目应用点的确定需要综合参考多项因素——公司的规划及要求、项目参建方对 BIM 的态度及关注点、施工方本身需求、项目自身工期状态及安排（项目所处施工阶段不同，开展的应用点及产生的效果也会有所不同）、相同建筑类型应用点选型及产生的效果（经验的借鉴可以减少不必要的弯路）等。每个应用点的设定应该与公司 BIM 应用规划中的应用清单相匹配，并描述清楚该应用点预期解决什么问题、达到怎样的效果、应用开展需要的数据和产生的数据涉及哪些部门、应用到何种深度、确定相应的应用负责人及协助人、应用点实施流程以及可能涉及的考核机制等部分内容。

在应用点的选择上可以参照如下原则：先现实后理想，不轻信市场宣传，先做自己能做的，脚踏实地，落地应用。先热点后冷点，不做花哨的，先做对项目最有用的，经验复制，少走弯路。先结果后过程，先做容易的，快步小跑尽快出成果，结果引导。先纵向后横向，先做单业务线的，后做跨业务线的，以点带线，以线带面。此外，同一个应用点，在项目上应用的深度要在 BIM 策划中作出细致的考量，应用深度与项目本身的客观条件（如项目人员意识、管理模式及力度等）有很大关系，具体实施前需要进行方案的可行性评估。

（2）软硬件选型：项目 BIM 应用的软硬件选型应该承接公司的软硬件选型方案，然后参考项目实际情况进行调整。硬件主要是支撑项目日常建模、渲染、平台整合等方面的需求，可以分成专业建模类硬件和平台整合类硬件。在硬件选择上要结合项目的 BIM 应用方案对硬件的要求进行考虑，比如模型建模的精细度、模型渲染的效果等决定硬件配置的高低。软件选型要结合项目 BIM 应用方案，根据应用内容确定对应的软件。同时，结合相关软件产品的技术标准、功能成熟度、供应商技术服务能力、数据承接情况、性价比五个方面来综合考虑。对于没有丰富 BIM 实践经验的企业，尤其需要重点考虑购买后的技术服务问题。

（3）BIM 实施组织架构及分工：在项目 BIM 应用实施过程中，一般涉及的参与方、业务及部门众多，建立一个合理的组织机构并明确相关人员的分工及职责将为后续的 BIM 协同开展提供便利和人员保障。BIM 应用的推进属于“一把手工程”，项目经理或执行经理担任推进总牵头人为最优解，对于领导班子成员，在日常岗位职责中应增加 BIM 相关职责，引起充分的重视。

BIM 应用组织架构中一般分为三类人，即领导层、BIM 实施负责层、实际业务操作层。领导层主要负责过程监督、贯彻执行力、输出管理层（项目层）价值；BIM 实施负责层主要负责沟通、协调，在应用中分析总结以及价值的输出；实际业务操作层主要负责应用执行，并输出岗位级价值。

项目级组织架构的设立及分工可以分为领导组（过程监督、技术及资源支持等）、技术组（由项目核心技术负责人担任，比如总工及机电部经理，提供强大的业务支撑）、实施组（实施组又分为建模组和应用组，建模组的人员搭配要根据项目体量和复杂程度综合考量，应用组则需要确定监督人和对接人）。

（4）项目实施整体流程及节奏：项目策划中应包含主要工作的整体节奏，说清楚大致先干什么、后干什么（或里程碑节点计划），避免在实施过程中乱了方向和节奏。大致流程可依次按照项目启动会、业务调研、BIM 培训、模型建立、模型校核、平台整合及预调试、应用点分节奏推进、阶段性检视及总结的顺序进行。

（5）建立实施保障制度：项目应建立 BIM 应用考核制度，保证 BIM 应用能够稳步向前推进，达到应用方案设定满足公司对项目 BIM 应用的要求。项目 BIM 应用考核应该包括对各岗位应用人员的考核和对项目管理人员的考核。

对岗位应用人员的考核：项目在 BIM 应用中应对各岗位应用人员设定 BIM 应用清单，明确应用内容、输出成果及标准，设定考核制度，考核相应人员是否按照 BIM 应用清单实施并达到要求，比如模型是否专业、全面，精细度是否符合要求等。对岗位应用人员的考核要注重过程和结果两方面，保证各岗位人员能够将 BIM 应用贯穿到项目实施过程中，比如工程人员是否持续将 BIM 应用到生产管理过程中。

对项目管理人员的考核：管理人员需对项目 BIM 应用结果负责，所以应对其进行 BIM 应用结果的考核。BIM 应用的相关管理目标、实施方法目标、人员培养目标、创优目标等都应列入管理人员的考核项。比如项目 BIM 应用要求是否达到公司规划要求，项目人员培养是否达到项目应用方案设定标准等。

2.2.3　项目 BIM 应用的总结

项目 BIM 应用推进过程中，应该及时总结问题、经验以及给项目产生的实际价值。问题应及时解决，以免影响实施推进；经验应及时分享，以避免走更多的弯路；产生的价值应及时呈现，让大家看到效果，增加信心的同时引起共鸣，形成应用上的良性循环。

应用总结可分为两类，一类是过程总结，主要是过程应用检视、问题盘点以及价值梳理等；一类是成果总结，总体来说可以从四个方面着手：应用目标偏差及原因分析、应用效果整体评价、人才培养方法总结、类似项目的应用方法总结。

1. 应用目标偏差及原因分析

对公司 BIM 规划中的项目应用要求和标准进行偏差分析，检视项目 BIM 应用结果是否达到公司对项目的 BIM 应用要求和标准，是否存在偏差。分析出现偏差的原因，将影响因素总结并反馈给公司，以便公司对该类型项目的 BIM 应用要求和标准作进一步细化和完善。

同时，还要对项目的 BIM 应用规划进行检视分析。项目现场实际情况变化很快，也有很多无法在前期预测的因素，因此最终的应用结果未必与预期完全一致，出现一定的偏差也属于正常情况。但是，应用结束时我们需要对前期制定的目标与所取得的结果进行对比复盘，找出导致偏差的原因。比如模型质量和效率有较大偏差，那就需要复盘造成这种情况是前期建模标准制定的问题、分工的问题还是图纸拖延的问题，亦或者是人员能力的问题等。再比如某些应用点推进不理想，就需要复盘清楚是软件的成熟度、人员意愿或能力、项目执行力度以及管理模式等因素中的哪些因素导致了应用点推进难的问题。

2. 应用效果评价

应用效果评价包括在公司 BIM 规划中对项目 BIM 应用要求和标准的效果评价以及对项目 BIM 应用规划中的应用效果评价两个方面。对公司规划应用要求的评价是检视项目的 BIM 应用结果是否满足了公司的 BIM 应用要求，是否解决了其在 BIM 应用要求中提出的需要解决的问题。对项目应用效果的评价，是检视 BIM 应用结果是否解决了在项目 BIM 应用要求中提出需要解决的项目本身技术和管理问题，检视的落脚点可以从 BIM 的推进是否带来了管理能力上的提升或者是部分替代了原有的管理系统，是否提供了便利的数据用以辅助管理者决策，是否为操作者带来了工作效率的提升，是否为项目带来了一些效益（社会效益或者经济效益）等。

3. 人才培养方法总结

人是 BIM 应用的关键，人才培养的重要性不言而喻。项目其实是公司最好的人才实训基地，项目结束后应该对项目人才培养方面取得的成果进行总结，总结的内容主要包括：人才培养的策略是什么（是采用公司驻场辅导的方式还是借助第三方的经验，还是二者相结合）；人才培养目标是如何设定的（按人数、考评结果、证书获得数等）；是否对人才有明确的分工和定位；对不同层级或者业务部门的培养是否有针对性的课程和考核设计；是否营造了良好的学习氛围和分享机制；是否有与外部的相互交流和学习等。

4. BIM 应用方法的总结

公司初期拟定的实施方法落到某一个项目上进行实践的过程中，或多或少都会出现一些问题，这是由项目本身的特性决定的。项目结束后，无论是在软件选型、模型建立（标准、精度、方式）、平台搭建方法，还是人才培养，应用点节奏把控以及应用深度选择上，都会有自己的体会，而这些经验，一方面是对公司原有方法的补充和优化，另一方面对于其他类似项目来说，这就是避免走弯路的宝贵建议。

2.3 个人 BIM 应用方法分析

在 BIM 推行的过程中，个人作为 BIM 应用的执行层，是 BIM 工作必不可少的关键要素。执行工作并不是机械地去做就可以了，而是需要将自己融入公司、项目的 BIM 实施中去，这里的个人既包括公司决策层及项目管理层，也包括公司、项目各部门工作人员。任何一个个人在 BIM 应用过程中，都需要先找到岗位的 BIM 应用目的，然后根据目的确定应用步骤，再进行具体任务的执行与实施。当然，在应用过程中分享和总结也非常重要。执行的过程，实际上就是不断对应用目标和应用方法实践和检视的过程，为后续推广应用提供更有效的改进建议。

2.3.1 明确 BIM 应用目的

无论是公司决策层和管理层，还是项目管理层和执行层，在决定做 BIM 工作后，第一步需要明确应用目的，只有明晰目的才能保证个人的 BIM 应用方向不偏离整体的应用规划。BIM 应用目的的确定，要满足岗位本职工作的需求，不能脱离自己的工作目标；也要满足管理部门的日常工作，保证管理目的与 BIM 应用目的的统一；同时 BIM 作为新技术，在尝试使用的过程中，还有一个非常关键的目的，就是探索和实践 BIM 应用流程，为多项目推广做好准备。下面将从三方面简述个人 BIM 应用的目的。

（1）将 BIM 应用融合到项目日常管理中。个人 BIM 应用的首要目的是尽可能将 BIM 应用与自己的日常工作相结合，使本职工作有所提升，包括效率提升与管理模式、方法提升。

就岗位层技术员而言，通过平、立、剖等图纸内容编写技术方案展示节点详情来进行技术方案的交底工作，是很耗费时间和精力的，但即便如此也不能保证节点交底内容的准确性。BIM 工作引入后，技术员可以利用 BIM 三维可视化技术，将节点通过三维模型动画演示，方便交底工作，同时确保了交底内容的完整性和准确性，让工作变得简单、高效、精准。

就管理层总工而言，对项目的技术方案有审核管理的责任，应及时查阅技术方案并给出建议，为下一步施工前的技术交底作准备。技术总工完全可以尝试接受并鼓励采用 BIM 三维模型及动画来进行技术方案的展示，这样一来，审核过程变得快速，且保证了技术员与总工之间信息的一致性，免得对图纸和文字的理解有误，导致信息传递错误，提升了决策和审核的工作效率和准确性。

（2）熟悉并掌握 BIM 管理方法。公司及项目在 BIM 人才培养过程中一定有明确的考核标准，所以个人应将公司的要求和 BIM 管理方法作为自己首要提升的技能。在 BIM 整体发展尚且不够成熟的环境下，遵循公司要求的发展路线进行学习是至关重要的一步。

（3）验证 BIM 应用方法的适应性。作为执行层，应用 BIM 的目的，还应包括对公司提供的 BIM 应用方法进行验证，验证应用方法是否有效管理项目以及具体程度。为应用方法的进一步推广提出宝贵建议，同时为多项目推广应用提供更合理的应用方法。

2. 3. 2　明晰 BIM 应用步骤

在执行 BIM 应用过程中，明晰各个岗位 BIM 工作的步骤是非常重要的，因岗位不同，工作内容也不尽相同。另外，应用过程中要及时进行阶段性的总结和检视工作，保证与应用结果和清单相互对应，确保 BIM 应用的完整性和准确性。

1. 公司层

作为公司 BIM 规划人员，在选择 BIM 软件后，首要任务便是根据公司目标及项目实际需求确定应用清单，该清单内容重在和项目实际工作的匹配上，目的是辅助项目使用，确实能融入项目的岗位工作和管理工作中。

第二步是在不断推动项目实施的过程中，收集各阶段的应用成果及反馈，让清单内容变得更具体，更贴近现场使用。同时优化公司以及项目管理层、岗位层的 BIM 应用方法，让方法更具体、更细化，并且做到分部门、分岗位、分应用流程进行完善，同时结合 BIM 技术开展日常岗位工作和管理工作，为后续项目推广提供有效的方法。

2. 项目层

作为项目 BIM 管理层及岗位层人员，在 BIM 应用前首要工作便是参照公司的应用要求，制定自己的 BIM 应用计划。首先，找到自己在公司 BIM 应用过程中的位置，管理层需要引导和推广项目使用 BIM 技术，岗位层需要执行各个应用流程；然后，根据自己的岗位要求学习相应的应用清单内容，确定哪些清单内容与自己的实际工作吻合，哪些清单内容是对当前工作的优化；最后，根据清单内容及下发的各个岗位的 BIM 实施方法，熟悉并掌握自己在执行 BIM 工作中的流程和注意事项，只有这样，才能更好地执行 BIM 工作，保证 BIM 应用的正常推进。

例如项目技术员，接到 BIM 任务后，需要先熟悉项目部关于技术方面 BIM 的考核标准是什么，再按照标准执行工作。比如技术方面的考核标准是通过 BIM 应用，提高交底内容的准确性，同时要保证内容易懂、易学、易管理，提高交底效率，减少因为理解错误导致的返工问题。学习了公司的 BIM 管理方法，了解到技术交底内容可以以动画的形式展现，从现场施工的准备，到施工流程再到工艺工法、质量控制项等内容，这样一来工作就变得更加清晰。

再比如项目技术总工，接到 BIM 工作后，首要任务就是先了解、学习 BIM 管理方法，然后才能不断地引导和提升其他人员。项目总工的本职工作就是要保证现场技术及质量方面的正常，对项目的 BIM 技术考核标准就会有通过 BIM 手段实现图纸会审、现场交底及质量控制工作，保证按要求检查并记录，减少常见的质量问题。学习项目技术质量的 BIM 管理方法，鼓励技术员及质量员在日常工作中采用 BIM 技术，提高工作效率和效果，记录并分析常见质量问题，为下一步交底作准备，逐渐减少问题的发生，让工作变得更加简单。

第二步是在实践过程中不断总结应用方法，并将应用结果与清单进行对比，总结应用的偏差并分析其原因，及时向公司规划层反馈，方便公司规划人员纠正应用方向，确保应用方向和应用方法的不断完善，为后续公司规模化推广提供合理化建议。

例如项目技术员，BIM 应用是否可以继续下去，要看这个 BIM 技术是否可以帮助自己解决工作上的难题。因此，在 BIM 实践过程中，尝试将 BIM 应用与当前的工作项进行结合，经过一段时间的使用，了解自己的难题是否可以通过 BIM 应用得以改善以及原因，这些内容都可以作为项目后期推广及公司多项目推广的依据。

再比如总工，BIM 应用的好坏，完全取决于该应用是否能帮助自己更好地进行现场技术管理及质量管理。因此，在进行 BIM 实施过程中，尝试将工作与 BIM 平台对接上，经过使用和探索，了解到应用是否有效。如果效果比较好，可以继续推动；如果效果不明显，则需要总结应用效果不明显的原因，是软件功能问题还是现场管理执行问题，为执行落地找到确实可行的方法。

2.3.3 分享 BIM 应用得失

各个岗位在验证和实施过程中，应该定期进行交流和沟通，确保在同岗位间能够取长补短，并保证该岗位应用的全面性。不同岗位间也需要经常交流，以不同的部门应用需求来反思方向和内容，同时也可以获得不同视角的应用建议。

（1）同岗位间交流：各岗位在实施 BIM 应用过程中，将 BIM 技术融入实际工作中，实现了一种全新的管理和工作模式。在尝试一段时间后，各岗位人员应对新的工作模式进行总结并与同岗位人员进行交流，确认应用方向是否正确，BIM 应用是否产生落地价值。例如，项目工长，可以与同一项目的不同区段工长以及不同项目的工长进行交流，互相了解目前是如何运用 BIM 技术进行日常的工作记录的，是否很好地利用了记录的数据；了解以劳动力人数等信息作为依据编排后续工作任务，以及如何编排劳动班组来保证现场的工期。通过交流，可以学习其他人员对于 BIM 现场数据的再利用，而不是单纯地为了 BIM 工作而作记录。

（2）多岗位间交流：个人应用 BIM 的过程更多地着眼于目前自己的工作内容，包括建模软件的选择，模型精度的要求等。但实际上 BIM 应用并不是一个岗位的事情，而是多岗位间的协同和互动，BIM 应用过程产出的成果可能会给其他岗位工作过程使用，因此多岗位间的交流是必不可少的环节。每个岗位都在尝试着 BIM 工作与原有工作的结合，会呈现出很多数据的快速积累和统计分析，多岗位间的交流，应重在交流过程和结果，实现 BIM 工作在多岗位间的互联、互通。例如工长和商务经理的交流沟通，发现每天到现场巡查过程中，会对现场的进度情况进行拍照留存，最终形成多角度、多阶段的形象照片。作为工长而言，每天去现场，对现场情况了如指掌，其实照片对他们来讲只是影像性留存。但是对于商务人员来说，现场多角度、多阶段的形象进度照片，可以为每个月的产值上报工作提供依据，通过照片便可以获取现场的真实进度情况，不用再与生产经理和多个工长反复沟通确认了。另外，对于现场隐蔽工程的照片也可以利用工长的记录获取，同时这些照片也会变成商务部门进行工程结算阶段的有力依据。

2.3.4　积累 BIM 应用经验

在整个 BIM 技术使用过程中，岗位级 BIM 人员是一线使用人员，在实践中对于使用场景、应用效果、应用方法均需要认真总结，因为方法是可以为后续其他项目的推广和使用提供方向的支撑。

（1）为公司应用清单提出优化建议：BIM 应用从目标确定，到清单选定，从公司级到项目级再到岗位级，从管理层到应用层，既是自上而下的规划，也是自下而上的执行。应用清单是公司管理层面确定的，经过岗位层人员实施后，能够清晰地分析每一个应用内容是否合理，是否需要调整和补充，由此优化和完善清单内容。

例如公司管理层的生产部门，对各项目的进度都非常关注，尤其是关键节点的把控。借助了 BIM 技术之后，可以通过 BIM 平台获取各项目的进度情况，了解进度偏差，帮助监督管理工作。但 BIM 平台所给出的是关键节点的进度情况，而且得到的反馈是项目定期汇报的结果，无法与现场实际情况相结合，因此 BIM 应用清单就显得不足了，应进行调整。作为岗位层人员，BIM 应用清单对其的目的是解决工作问题，同时又能满足公司及项目的要求。例如项目预算员，为了满足公司及项目的要求，辅助建模，形成带有资金资源的 BIM5D 数据，而数据的真实呈现，是需要预算员不断调整模型和预算文件，但结果对于预算员的日常结算等工作帮助甚微，因此应用清单需要调整，应以岗位层实际工作结合为基础，以优化工作为目的，让 BIM 工作带来更大的价值。

（2）总结和沉淀应用经验，为公司应用方法提供资料：BIM 应用实施是一个循序渐进的过程，既是流程化的推动，更是环环相扣的积累。例如项目 BIM 中心负责人，BIM 工作推进是其本职工作，在推动 BIM 过程中，借助 BIM 相关软件将模型与施工现场进行结合。而随着现场图纸的不断变化，修改调整模型工作占据了 BIM 中心人员大部分时间，但是模型并未与现场各部门工作结合起来，失去了模型的使用价值。从中我们发现，明晰 BIM 工作的目的是非常关键的，一味地追求模型的精准度，已经偏离了以应用为目的的 BIM 工作，因此该 BIM 中心负责人应该及时调整策略，了解现场实际使用过程中对模型的要求，按照要求建立模型，更加注重模型与现场各个部门的结合。比如预算部门，可以利用结合现场进度的模型快速出量，生产部门借助模型了解现场进度情况，使之更加形象化。再例如岗位层施工员接到 BIM 应用要求后，如果只是机械化地将现场情况进行反馈，没有将数据与实际工作结合，这导致的肯定是工作量的增加，并且不会对实际工作产生价值。因此，经过实践和思考后，应转换 BIM 管理方式，例如可以在进度例会中，通过现场数据进行分析和总结，让每一项的结果有依据，不仅数据齐全，展示形象，同时也缩短了例会的准备时间。

第3章　建筑业数字化发展展望

从2017年12月8日中共中央政治局就实施国家大数据战略进行第二次学习，中共中央总书记习近平强调实施国家大数据战略，加快建设数字中国，到2018年4月22日在福建首届数字中国建设峰会上，习近平发来贺信再次强调，当今世界信息技术创新日新月异，数字化、网络化、智能化深入发展，数字经济等新兴产业正蓬勃发展。

可以看出国家对于数字化在各行业中的发展非常重视。国办发〔2017〕19号文《国务院办公厅关于促进建筑业持续健康发展的意见》中明确指出建筑业是国民经济的支柱产业。改革开放以来，我国建筑业快速发展，建造能力不断增强，产业规模不断扩大，吸纳了大量农村转移劳动力，带动了大量关联产业，对经济社会发展、城乡建设和民生改善作出了重要贡献。但也要看到，建筑业仍然大而不强，监管体制机制不健全、工程建设组织方式落后、建筑设计水平有待提高、质量安全事故时有发生、市场违法违规行为较多、企业核心竞争力不强、工人技能素质偏低等问题较为突出。所以，大力推动建筑业的数字化进程是国家的需要，行业的需要。在第二届世界互联网大会开幕式上，国家主席习近平面对多国政要及来自世界各国的互联网精英明确表示：要推进“数字中国”建设，发展分享经济，支持基于互联网的各类创新，提高发展质量和效益。中国的数字化进程已经扩展到政务、民生、实体经济等各个领域，推动“数字中国”建设正当其时。

数字科技的发展对建筑业的影响也在逐步加强，建筑业在BIM技术的大力推动下，将结合云计算、大数据、物联网、移动互联网、人工智能等，形成建筑业数字化（包括项目管理、企业管理、行业管理）。数字化、智能化是建筑业发展的大势所趋。

BIM技术是促使建筑企业管理升级的技术核心，是实现建筑业数字化的重要手段。粗放的管理方式越来越不适应现代企业追求价值的根本出发点，甚至威胁着企业的生存。现代企业的竞争在很大程度上是管理能力和水平的竞争，是企业数字化进程及精细化管理的竞争。BIM技术可以提升建筑企业的精细化管理水平，企业的盈利点最终要看每一个项目的盈利。每一个项目要做到盈利，管理水平至关重要，BIM技术的可视化、协同性、交互性、集成性可以让项目管控精确定位到每一个人，提升管理的沟通效率。同时，我们也明确了BIM模型的使用意义和价值，BIM模型在整个行业数字化改革的进程中担当着数字孪生的核心重任，在整个项目的建设过程中所有新技术要与虚拟建筑进行匹配才能真正指导现场实际工作，最终实现项目效益的提升。建筑业只有在BIM技术的大力推动下，结合云计算、大数据、物联网、移动互联网、人工智能等，才能让数字化转型得以实现。

3.1 数字建筑与行业发展

3.1.1 建筑产业转型的趋势

建筑业是数字化程度很低的行业，和制造业等行业差距较大。随着人们对建筑需求的转变和消费升级的拉动，建筑业的高能耗、高消耗已不满足节能减排、绿色发展的要求，发展新科学技术及应用推动的转型升级迫在眉睫。

不管是国家政策层面还是行业发展层面带来的变化，又或者是建筑企业自身经营的需要或者被更大的市场所吸引，无论是企业走投无路还是主动出击，企业数字化都是企业要迈出的重要一步，同时这一难题也直接制约着建筑企业的发展甚至决定着企业的生存，企业能否完美转型，数字化至关重要。

随着近几年全国范围内雾霾及水污染给人们带来的健康问题，国家对环境保护越来越重视。建筑业对生态环境的影响巨大，人类从自然界所获得的 50%以上的物质材料，是用来建造各类建筑及其附属设施的，这些建筑在建造和使用过程中，又消耗了全球 50%的能量。在中国每年新增建筑面积 20 亿 m^2，约占全世界新建筑面积总量的一半。

建筑业高消耗、高耗能的问题日益突出。据估算，全球总耗能的 50%属于建筑耗能。以美国为例，商业和住宅建筑正在消耗近 40%的总耗能、70%的电力，每年建筑能源消耗量达 2200 亿美元。而在我国目前建筑活动中产生的污染占全部污染的 40%左右，建筑垃圾每年高达数亿吨，建筑业碳排放量占全国总排放量的 50%。建筑运营过程中造成了大量的能源及资源消耗，占社会耗能的 47%左右。可以说建筑是能耗和碳排放的大户。

从满足基本生活到追求更好的生活体验，人类对居住环境的要求也越来越高，对建筑的需求也在转变。目前，建筑价值低、体验差的问题日益突出。人们对建筑的要求不再仅仅是满足最基本的使用需求，还需要进一步满足人们生理和心理上的双重需求。从“有得住”向更优转变，更加追求居住和使用的品质。对建筑的需求逐步向舒适、健康的方向发展，从标准的房子到追求定制化和个性化的需求迈进。

建筑业虽然已经是国家的经济支柱，但是建筑业的生产方式粗放、生产效率低、科技创新不足等问题是大家有目共睹的。建筑行业高速发展的现状与相对落后的管理与生产水平之间的矛盾日益突出，发展不均衡和不和谐等问题非常明显。纵观国际市场，建筑业普遍存在科技投入不足、生产效率低下和管理粗放的问题。建筑行业在大型投资项目中，有将近 20%以上的项目超进度，有 80%以上的项目超投资。自 20 世纪 90 年代以来，建筑业生产效率水平呈下降趋势，承包商的利润率一直处于相对较低并且不稳定的状态。

随着科技发展的进步，各种新技术得到了广泛的应用，推动消费互联网的成熟应用和产业互联网的蓬勃兴起。这种势头不但创造了良好的产业环境，同时新技术的创新正在驱动着产业的变革。BIM 技术推动了虚拟与现实的融合，物联网正在实现无处不在的数字集成，大数据的积累也为行业从量变到质变提供了基础保障，云计算和云存储实现了扩展和增值服务，智能化的基础设施推动着资源节约使用和优化。随着数字建筑技术的成熟与软硬件的发展，我们不仅可以控制设备的工作内容，甚至可以让机器自我思考、自我学习，真正实现智慧建筑来满足人们对美好生活的向往。

3.1.2　数字建筑的发展方向

建筑业也要走出一条具有核心竞争力、资源集约、环境和谐的可持续发展之路。需要在科技进步的引领下，以新型建筑产业现代化为核心，以信息化技术为手段，通过信息化、建筑产业现代化和绿色化的“三化”深度融合，将建筑业生产提升至现代化水平。

目前建筑行业数字化水平落后，我们的初期目标是将建筑业提升至现代工业化水平。前面也介绍了，随着各方技术的提升，社会的需要，国家对建筑业经济支柱地位的认可，建筑业将进一步立足于转变发展方式、调整产业结构，推进供给侧结构性改革，赋能国家实体经济。应利用以数字技术为代表的现代科学技术促进产业生产力的提升，提升现阶段的效率，让管理组织更加扁平化，降低管理成本，实现建筑业转型升级。

中央政府及相关主管部门对于建筑业的转型升级非常重视，无论是国务院办公厅印发的《关于促进建筑业持续健康发展的指导意见》，还是《建筑业发展“十三五”规划》，都为建筑业的发展指明了方向，进一步明确了建筑业向“绿色化、工业化、信息化”三化融合的方向发展。推广智能和装配式建筑，坚持标准化设计、工厂化生产、装配化施工、一体化装修、信息化管理、智能化应用，推动建造方式创新，大力发展装配式混凝土和钢结构建筑。在新建建筑中和既有建筑改造中推广普及智能化应用，完善智能系统运行维护机制，实现建筑舒适安全、节能高效。

可以看出，建筑业要摆脱粗放发展方式，向工业化、精细化方向转型是大势所趋。数字建筑将对建筑业全产业链进行更新、升级和改造，通过技术创新和管理创新，带动企业与人员能力的提升，推动建筑产品全过程、全要素、全参与方的升级，将建筑业提升至现代工业化水平。

3.2　数字建筑的技术应用

3.2.1　数字建筑的技术发展

将 BIM 技术与其他数字化技术融合，可以对项目的方案进行模拟、分析、优化，以达到优化设计、保障工期、保障质量、降低成本；运用 BIM 和云计算、大数据、物联网、移动互联网、人工智能等新技术手段，推进数字建筑的发展。

为了实现数字建筑发展的进程我们有哪些技术可以利用呢？这是必须思考的一个问题。由于建筑业的特点是资金密集型行业，投资大、周期长、安全要求高等特征突显，所以需要结合相对成熟的新技术。目前，数字建筑主要是利用比较成熟的技术手段来进行产业的升级，具体技术是以 BIM 和云计算、大数据、物联网、移动互联网、人工智能等信息技术为核心的应用。这些技术结合先进的精益建造理论方法，从建筑的全过程、全要素、全参与方集成人员、流程、数据、技术和业务系统，从而构建项目、企业和产业的平台生态新系统。

数字建筑的应用基础包括了 BIM、云计算、大数据、物联网、移动互联网和智能应用等关键技术。以 BIM 技术为核心加以其他技术手段，可以有效支撑数字建筑的数字化。建筑企业的利润来自于每一个项目的经营，这些技术的落地点也是要保障每一个工程项目成功，对项目的方案进行模拟、分析，提前发现可能出现的问题，优化方案或提前采取预防措施，以达到优化设计与方案、节约工期、减少浪费、降低成本的目的。通过端（智能终端）＋网（物联网）＋云（云计算），可以随时随地获取建筑、项目过程和人等方面的信息，提高管理数据的准确性和及时性。以云技术为核心的平台化应用，提升综合管理协同效率。通过大数据和人工智能算法，建立各管理要素的分析模型并进行关联性分析，结合分析结果进行智慧预测、实时反馈或自动控制，提高科学分析和决策能力。

以上这些新技术的应用必将给我们建筑业带来前所未有的变化，通过这些技术的应用实现虚拟建筑和实体建造的数字孪生，通过工业化的建造方式在物理世界中建造出实体建筑，最终交付一个实体建筑和一个虚体建筑，保障运维需要，让我们的生活和工作的环境更美好。

3.2.2 数字建筑为行业赋能

树立新思维，采取新举措，搭建新平台，构建新生态。用共赢、共享的思维构建建筑业新型的产业模式。积极创新和探索智能应用的手段，以数字化建设为建筑企业和建筑产业的发展提供新动力。

上一部分我们谈到了数字建筑的核心技术及应用，下面让我们看看数字化建设如何为我们的建筑业赋能。在产业数字化变革的浪潮中，产业链的各方主体和生态服务伙伴，一方面可以借助数字化创新，加快其内部流程、业务模式、管理模式、商业模式等方面的变革，焕发存量机会与市场活力；另一方面可以通过变革，使传统产业与企业逐渐转变为数据驱动型组织，使得决策和发展更有洞察力，不断开拓新的增量机会。对政府而言，可以更好地促进行业监管与服务水平的提升；对于开发商来说，通过可持续运营与服务能力的提升提供消费者个性化的高品质产品；对建筑企业来说，可以更好地促进生产和管理模式的革新。

在政府部门方面，以数字建筑为载体，汇聚整合政府部门数据与行业市场主体数据信息。建设行业数据服务平台，可以为建筑市场宏观分析、监管政策决策分析、市场主体服务三大方向提供强有力的数据支撑，让行业信息更准确和透明，最终实现“宏观态势清晰可见，监管政策及时准确，公共服务精准有效”的行业监管，实现“理政、监管、服务”三层面的创新发展。已成为行业标杆的贵州公共资源交易平台，作为全国首个覆盖全省的公共资源交易互联互通服务平台，利用数字建筑大数据分析，定期剖析贵州全省经济发展走势，动态反映公共资源市场交易运行状况，判断交易价格的合理区间，自动精准找到招标投标过程中的围串标关联人等，极大地提升了行业监管与服务水平。

对于开发商而言，数字建筑有利于开发商提供高品质产品，创新可持续运营与服务能力。通过数字建筑，开发商可以应用BIM等交互方式以及社群化运营模式，为客户提供工业级品质的个性化定制产品。在开发商运营时，也可以充分利用智慧化运维，提升建筑运行品质，降低能耗，提高服务能力与水平等，实现从产品营销到服务营销的全面升级。例如万达集团基于BIM+PM的建设总发包平台，让开发方、设计总包、工程总包、监理在同一平台上对项目实现“管理前置、协调同步、模式统一”的全新管理模式，管理中的大量矛盾通过BIM标准化提前解决，减少争议，大大提高了工作效率，这也是项目管理的一次突破性变革。

对于建筑企业而言，数字建筑使建筑企业管理的广度、深度、精度、效率不断得到提升，重塑企业的组织，打破企业边界和区域边界的限制，提升企业资源配置能力，加大管理跨度，缩短管理半径。企业的经营决策将更加依赖基于数据驱动的科学决策，及时、有效地对项目进行管理和服务，实现企业集约化经营和项目精细化管理。通过数字建筑对“人、机、料、法、环”等各关键要素进行实时、全面、智能的监控和管理，形成项目的统一协调交互和大数据中心，有效支持现场作业人员、项目管理者、企业管理者各层的协同和管理工作，更好地实现以项目为核心的多方协同、多级联动、管理预控、整合高效的创新管理体系，保障工程质量安全、进度、成本建设目标的顺利实现。数字建筑可以让建筑企业的经营能力更加集约化，将有效地优化生产要素、降低企业战略成本；减少管理层级、提高企业运行效率；优化业务流程、加强管理能力、提升盈利水平。通过数字建筑将企业各个项目的生产情况全部纳入实时动态管理控制，实现对包括人力资源、财务资源、供应链资源和上下游供应商、合作伙伴资源等各种生产要素的资源优化配置和组合，实现社会化、专业化的协同效应；降低经营管理成本，提升企业的集约化经营能力。当然，数字建筑还能驱动企业决策更智能化，基于项目数据的有效集成，通过数字建筑利用大数据和人工智能等技术，在企业层实现基于数据驱动的经营管理和科学决策，保证多项目管理全过程可控和目标达成，提升企业的集约化管理与服务能力。

数字建筑作为开放的产业互联网平台，不止在政府、甲方、建筑企业的各种活动中提供支撑，还服务于建筑业的全价值链、全产业链的生产活动，实现全生命期、全企业、全行业乃至全社会生产要素的优化与配置，可以更好地为产业链上的各类合作伙伴赋能，并且相互协同进化，形成群体智能。

通过提供信息技术支撑，为各方提供工具、算法，实现平台赋能，各类应用系统、子平台由各合作的应用开发商与集成商通过社会化的方式提供，并能根据用户的实时使用情况与反馈迅速进行升级。通过提供专业技术支撑，为行业提供定额、BIM构件库、工艺工法、指标信息、材价信息、劳务信息及行业数据等各类专业信息与数据服务，助力行业专业化能力提升和产业的转型升级。

数字建筑是开放、共享的生态系统，数字建筑通过平台化方式实现“产业链垂直融合、价值链横向整合、端到端的撮合”，联通直接产业链与间接产业链，形成开放、共享、生态共聚的产业生态圈。产业链相关方共同聚集在数字建筑产业互联网平台上，共同完成建筑的设计、采购、施工、运维，形成良好的生态环境。同时，生态服务伙伴以平台为基础，研发和提供各领域的专业应用和服务，实现能力聚焦，快速创新，极大地减少产业重复浪费，更好地服务于产业链各环节和相关方，实现产业生态的自我发展与创新。

数字建筑不仅仅是信息技术和系统，还是与生产过程深度融合的全新生产力，它必将驱动建筑产业的全过程、全要素、全参与方的升级，建立全新的生产关系以及产生新的项目生产要素。数字经济时代，大数据和云算法成为新的资源和生产要素，并且边际成本近乎为零。全新的项目生产过程中，实体建造与虚拟建造相互融合，通过 BIM 等各类数字化技术的整体应用，将生产对象以及各类生产要素通过各类终端进行链接和实时在线，并对项目全过程加以优化。全新的生产关系中，数字建筑孪生让各参与方与产业链上下游合作伙伴，产生新的链接界面、节点以及协作关系，工作交互方式、交易、生产、建造等不再局限于物理空间与时间，更多的链接界面和节点使得建筑产品从研发到商业化的路径更加垂直。建筑产品建造全过程积累的大数据，凝练并萃取出潜在需求以及未被满足的需求，为建筑业企业跨界融合与变革，创造新价值提供了可能性；同时产业链上也出现了新的参与角色，不仅有传统的设计、施工、运维、设备材料厂商，还有由建造过程分离出来的生产性服务业，例如征信服务机构、金融机构、软硬件厂商等。各方充分协作和资源整合，打破了企业边界和区域边界的限制，改变了原有产业链割裂、孤立、低效的问题，形成了新的生产关系和产业生态圈。所以说数字建筑为建筑业赋能是再充分不过的事情。

3.2.3 数字建筑的应用实践

在数字建筑理念落地的过程中，雄安新区的建设是值得我们借鉴的典型应用实践案例。“数字雄安”是雄安新区建设的基本要求，也是推动建筑业数字化建设的重要手段和载体，必须高度重视、全力推进，实现城市规划、城市建设、城市治理、城市服务的智慧化。雄安新区建设七个方面的重点任务中，第一条就是建设绿色智慧新城。应围绕智慧建造、生态优先、绿色发展的理念，切实做好雄安新区的建筑轮廓线、城市天际线和智能交通线。

雄安新区建设将对建筑业转型升级起到跨越性的促进作用。中央决定规划建设雄安新区，从宏观、战略和历史的层面，如何规划建设好雄安新区：一是历史性地把握好雄安新区规划建设的三要素——城市天际线、建筑轮廓线、科学的交通路网。二是全面地把控好规划建设的核心价值内涵——低碳、简约、实用。三是深刻地把脉住其特殊的政治、经济、社会、文化、历史的重要作用——演绎中华民族伟大复兴历史责任的现代化国际大都市的经典范例，千年大计。如雄安新区的标志性建筑等都要通过碳排放方案评审；全面实现绿色建筑；大力推广装配式与超低能耗的被动式建筑（有专家指，雄安新区建筑约 80％～90％应为装配式建筑）；所有建筑工地都要实现绿色施工；规划建设之初就要把握好“大中水回用”的节水战略；规划建设之初就要把握好城市综合管廊规划建设。以上所说的这些都离不来一个根本的立足点，那就是建筑的数字化，雄安新区不但要引领数字建筑技术的发展方向，更是引领建筑业数字化（项目、企业、行业管理）的发展方向。

《河北雄安新区规划纲要》近日发布，开启了实质性建设高水平社会主义现代化城市的大幕。设立河北雄安新区，是以习近平同志为核心的党中央作出的一项重大历史性战略选择，是千年大计、国家大事。为了高起点规划、高标准建设雄安新区，规划纲要提出了多项现代化城市建设有创见的思路和举措，其中的生态建设就是重大的新亮点。

就一般情况而言，一座城市的建设会或多或少地妨碍当地的生态系统和地理环境。这是因为城市的建设意味着大量的人员聚集，以及相应的一系列建筑设施和人类活动的产生，这通常会影响到当地的自然环境。但是雄安新区却相反，不但不妨碍生态系统和地理环境，反而要进一步提升生态环境的质量。

根据规划纲要，雄安新区建设坚持把绿色作为高质量发展的普遍形态，充分体现生态文明建设要求，坚持生态优先、绿色发展，贯彻绿水青山就是金山银山的理念，划定生态保护红线、永久基本农田和城镇开发边界，合理确定新区建设规模，完善生态功能，统筹绿色廊道和景观建设，构建蓝绿交织、清新明亮、水城共融、多组团集约紧凑发展的生态城市布局，创造优良人居环境，实现人与自然和谐共生，建设天蓝、地绿、水秀的美丽家园。

为了落实生态文明建设，雄安新区制订了切实的举措。首先，通过建立多水源补水机制恢复白洋淀的淀泊水面，计划淀区逐步恢复至360km^2左右；开展生态修复，对现有苇田荷塘进行微地貌改造和调控，修复多元生境；实施生态过程调控，恢复退化区域的原生水生植被，促进水生动物土著种增殖和种类增加，恢复和保护鸟类栖息地，提高生物多样性。

其次，建设城区绿色生态，包括建设绿化带、建设大型森林斑块、建设绿色生态廊道、大规模植树造林、建设城市通风廊道等。构建由大型郊野生态公园、大型综合公园及社区公园组成的宜人便民公园体系，实现森林环城、湿地入城，3km进森林，1km进林带，300m进公园，街道100%林荫化，绿化覆盖率达到50%。

再者，进行污染整治。新区及周边和上游地区协同制定产业政策，依法关停、严禁新建高污染、高耗能企业和项目。提升传统产业的清洁生产、节能减排和资源综合利用水平。集中清理整治散乱污企业、农村生活垃圾和工业固体废弃物。优化能源消费结构，终端能源消费全部为清洁能源。严格控制移动源污染，实行国内最严格的机动车排放标准，严格监管非道路移动源。巩固农村清洁取暖工程效果，实现新区散煤“清零”。构建过程全覆盖、管理全方位、责任全链条的建筑施工扬尘治理体系。落实土壤污染防治行动计划，推进固体废物堆存场所排查整治，加强污染源防控、检测、治理，确保土壤环境安全。雄安新区在城市建设的过程中推进生态建设，并不是随心所欲，也不是简单的城市建设创新，而是在全国发展和建设大局下的重大科学决策和英明部署。

雄安市民服务中心项目于2017年11月22日，由中国建筑旗下中建三局、中海地产、中建设计、中建基金组成的联合体中标，被外界称为“雄安第一标”。中建联合体负责项目的“投资—建设—运营”全链条业务，打破了“投资人不管建设、建设者不去使用”的传统模式，这使得建设方必须站在建筑的全生命期去统筹考虑，全面提升项目品质。

高速度，离不开高超的技术支撑。项目 8 栋单体全部为装配式建筑，钢柱、钢梁、钢桁架和楼面板、楼梯等构件均由工厂预制加工，运至现场直接吊装，减少了钢材用量、节约了用水，也使信息化管控成为可能。每个构件里都“埋”有芯片或张贴二维码，让建筑有了“身份证”“说明书”，实现了全工序全过程的大数据管理；运输、吊装、施工等也都预先在信息系统中排兵布阵，防止“打乱仗”。项目还以大数据中心为枢纽，上线了智慧建造系统，只需使用电脑或手机，就可以实现全景监控、进度管理、物料管控、环境能耗监测、无人机航拍等功能。

高速度，更要在安全上确保万无一失。项目除了建立安全培训基地，为一线安全员配备智能化安全帽、照明头灯之外，还在国内建筑业中首次引进了安全生产情绪识别系统。工人站在摄像头前，系统就会记录其面部肌肉的微小振幅和频率，计算分析其潜在情绪，对超过限值的工人，项目将做好安全培训、心理辅导工作。

作为“雄安第一标”，建设要提速度，品质也要上水平。项目秉持“海绵城市”的理念，营造了“雨水花园”，利用下凹式绿地，汇聚并吸收来自地面的雨水。通过植物、沙土的综合作用使雨水得到净化，涵养地下水源；采用了超低能耗建筑做法，降低建筑体形系数，控制建筑窗墙比例，设置高隔热隔声、密封性强的建筑外墙，充分利用可再生能源；项目还拟建地埋式污水处理站，实现污水自主净化。

从以上所述可以看出，要实现雄安的生态建设是离不开数字建筑的，因为传统的建造与运维势必会给雄安的生态建设带来阻碍，难以满足雄安的个性化需求。通过数字建筑驱动雄安的建筑产品全过程、全要素、全参与方的升级。立足于国家的科学规划，通过新设计、新建造、新运维的“三新”驱动雄安的生态建设与创新发展，让雄安的建筑产业提升至工业级精细化水平，交付达到工业级品质的生态健康建筑产品。

在“千年大计”政策的支持下，在 BIM 技术、云计算、物联网、大数据、人工智能等科技手段的帮助下，一座充满科技感的智慧城市即将在雄安新区诞生。在雄安新区的众多科技应用中，数据是一个重要因素，“ET”城市大脑、无人驾驶汽车、智慧建筑体等全新技术都需要大量数据。而在雄安，数据的互联互通与开发利用被摆上了前所未有的重要地位。河北省委常委、副省长，雄安新区党工委书记、管委会主任陈刚说：“雄安挖的第一条路，打下的第一根桩都是有数据的。”在他眼中，雄安新区有两座城市在同时建设：一座是物理城市，一座是数据城市。这和我们倡导的数字建筑完全一致，通过数字孪生，最终交付一个建筑实体和一个虚拟建筑。

大多数城市是先有基础设施，再做数字化建设。雄安是在一开始建设的时候就把数字和硬件结合起来，这个条件独一无二。在雄安这座白纸上建起来的城市，数据成为最重要又无所不在的地基和砖块，未来雄安新区的智慧城市建设中，需要保护数据合法合规、互联互通，避免形成数据“烟囱”和“信息孤岛”，要实现数据的互联互通，避免

“信息孤岛”的出现，必须做到在实体建设之前，参建各方通过数字建筑平台对项目的设计、采购、生产、施工、运维各个阶段进行数字化的 PDCA 循环模拟和数字化打样，实现管理前置控制。落实对建筑方案的设计优化、施工方案优化、运维方案优化，并不断进行迭代，确保方案合理可行，商务经济最优，建筑产品个性需求得到满足，并形成设计模型、施工和商务方案的数字化样品。借助通风、采光、气流组织以及视觉对人心理感受等控制因素，通过模拟建筑设备运行、光照、温度、湿度、风环境、人流疏散、车库使用等情况，可对建筑方案进行优化修改和再模拟，直至实现建筑性能最优化。在绿色节能方面，可保证建成之后的实体建筑以低能耗、低成本运行。在居住环境方面，可满足人的生理及心理舒适性需求，实现低能耗下的安全、舒适、健康、美观的宜居生活。在生态融合方面，充分使建筑造型与场地周边自然环境相适应并融合，减少对周边生态的破坏。总之，数字建筑支持下的虚拟运维可以保障雄安新区成为符合可持续发展要求的建筑产品。其中，虚拟模型用以指导实体建造和运维过程，从而保证浪费最小化、价值最大化，打造真正的智慧绿色雄安。

智慧雄安以数字建设为核心，以一种更加智慧的方法实现资源共享及业务协同。打造城市的智慧化运维，让建筑及设施升级成为自我管理的生命体，让建筑运行更加经济、绿色，为当地的人们提供舒适、健康的建筑空间和人性化服务，让建筑成为“共享经济的社会体”，有利于实现各种闲置资源的共享使用，充分实现全雄安的资源共享，驱动全新共享经济模式的产生，为全国的城市建设提供有效的数据支撑。

第4章　建筑业BIM应用案例精选

通过以上分析我们发现，随着近几年BIM技术在施工阶段的应用，有相当一部分建筑企业对BIM技术有了更加客观和全面的认识。不同企业自身的管理模式和管理水平有所不同，引入BIM技术时间不同，各阶段对BIM的需求也不尽相同。同时，不同企业因选择的BIM应用路径不同，在具体应用和推进速度、应用效果上也有很大差异。面对这项技术革新，各企业在应用过程中完全照搬别人的做法是不现实的，只能结合自身特点在应用实践中不断总结出适合自己的落地方法。在此，我们针对不同的项目类型选取了6个典型的应用案例，并对不同角色的项目负责人进行了专访，希望能给大家一些参考。

4.1　北京城市副中心行政办公区项目BIM应用案例

4.1.1　项目概况

1.项目基本信息

北京城市副中心行政办公区位于北京市通州区潞城镇。该项目以办公楼为主，由A、B、C、D等片区组成（图4-1）。项目由北京市城市副中心行政办公区工程建设办公室（简称工程办）代表市委市政府作为业主，对多项目施工过程实行统一监管，施工总

图4-1　北京城市副中心行政办公区整体效果图

包单位分别为北京城建集团、北京建工集团、北京住总集团、中建一局。

2. 项目难点

（1）体量大，工期紧：以 A1 项目为例，单项目达到地下结构 61 个流水段，需要 92 天完成全部主体结构，即使在冬季也要达到地上结构“四天一层”的建设速度。

（2）图纸变更多，版本统一更新难：工程浩大，结构复杂，专业繁多，图纸变更非常频繁。

（3）专业分包多，统一协调管控难度大：参与单位多、配合难度极大，单项目达到 35 个分包工程单位，机电专业齐全，管线排布难度大，预留预埋多，总承包管理、协调工作量大。

（4）超高超大空间多，弧形斜屋面节点复杂：A1 项目斜弧形屋面为 41°大倾角，160m 超长 40.5m 超高 6300m^2 超大的主体结构全部在冬季施工；另外有 20 处超限结构，对模架搭设有着很高的要求。

3. 应用目标

为了实现保工期、保安全、保质量的目的，本项目应用中确定了如下四个目标：

（1）技术管理目标：根据项目特点进行施工部署和技术质量控制；根据技术交底时需要注意的项目中难点细节、多造型钢结构的精准安装等制定相应技术方案；对于项目协同管理及现场施工管理等制定管理机制。

（2）人才培养目标：培养 BIM 建模人才，能够独立建立土建、机电、装修等专业模型；培养 BIM 管理人才，能够协调项目参与各方事务，通过平台实现协同管理。

（3）方法总结与验证：首先实现制度建设标准化，包括管理制度标准和信息使用制度标准；其次实现信息资源标准化，规范各系统产生的数据，包括 BIM 数据、视频数据、图像数据、文字数据、图纸数据等；第三实现流程标准化，统一技术执行动作。

（4）新技术应用探索目标：采用“互联网＋”为代表的信息化手段，探索甲方多项目智慧监管平台，对多项目进度、设计、质量、安全、劳务、物资等集中监管；并且实现基于现场数据的统计分析，从而进一步提升工程监管能力。

4.1.2　BIM 应用方案

1. BIM 应用内容

（1）通过利用 BIM 技术，实现三维施工场地布置及立体施工规划，解决项目工期紧、现场平面布置难度大的困难。

（2）通过 Revit、MagiCAD 等软件创建出建筑结构、暖通、电气、给水排水等专业的三维模型，并且进行碰撞检查，解决项目图纸变更频繁、碰撞多的问题。

（3）利用 BIM 可视性特点进行施工方案模拟，对于复杂节点实现直观精确的施工方案交底。

（4）利用 BIM5D 软件实现流水段划分与进度计划关联，通过进度模拟直观表达施工进度，实现对项目进度的控制，保证项目能按时竣工。

（5）利用 BIM＋云技术解决施工过程产生的资料多，统一协调管控难度大的问题。

2. BIM应用策划

（1）软件配置

为满足建模要求，各个项目部采购Revit、Tekla、ArchiCAD、广联达MagiCAD等建模软件；为实现BIM协同管理，采购了广联达BIM5D等软件。通过各专业BIM软件的合理选型，确保建模准确、整合完善、应用顺畅（表4-1）。

软件配置 **表4-1**

软件名称	功能用途	备注
Autodesk Revit	模型绘制、出图	主要软件
Tekla	模型绘制、出图	主要软件
Autodesk Navisworks	进度及施工方案模拟	主要软件
广联达BIM5D	进度、质量、安全、成本管控	主要软件
广联达GCL	工程算量	主要软件
广联达GGJ	钢筋算量	主要软件
广联达GBQ	工程计价	主要软件
MagiCAD	综合支吊架设计	主要软件
广联达BIM5D	进度、质量、安全、成本管控	主要软件
3DMAX	施工过程的模拟	主要软件
Lumion	动画制作	辅助软件
Fuzor	动画浏览	辅助软件

（2）组织架构与分工

1）甲方代表为副中心行政办公区工程建设办公室，对多项目施工过程实行统一监管，负责确定BIM应用目标，统筹协调项目BIM应用资源。

2）施工总包单位分别为北京城建集团、北京建工集团、北京住总集团、中建一局集团有限公司。每个施工总包承建多个标段，总包下设立BIM中心，配置各专业BIM建模人员、BIM平台管理人员等。

3）广联达科技股份有限公司作为其中之一的软件支撑单位，协助各个总包项目部进行相应软件应用培训以及BIM的后期应用推进。

4）所有进场的专业分包单位，配有专业BIM技术人员，负责配合总包单位的BIM实施。

（3）应用顺序

首先确定以副中心工程办统一监管，各参建方共同参与的协同管理组织；其次各项目根据需要采购所需软件以及设备，培养BIM人才；再次制定双周例会制度和责任到人制度，保证应用点的顺利进行。

4.1.3 BIM实施过程

1. BIM应用准备

（1）制定例会制度

工程办制定严格的双周例会制度，同时规定各个项目做到BIM应用模块责任到人，这样甲方和施工方定期汇总推进情况，及时交流应用过程存在问题并且及时讨论解决方案，从而有效保障各参建方 BIM 每个模块的落地应用和顺利推进。

（2）进行软件培训

各个施工总包组织系统的培训，针对 Revit、Navisworks、MagiCAD、Fuzor、Lumion、BIM5D 等专业应用软件进行操作培训。通过培训培养出很多掌握 BIM 技术的建模人才和协调管理人才。

（3）模型创建

基于 BIM 技术进行建筑模型、结构模型、机电模型、钢结构模型、幕墙模型等的创建工作，为后续 BIM 应用打下基础。

2. BIM 应用过程

（1）三维场布：通过利用 BIM 技术，实现三维施工场地布置及立体施工规划，提前检查施工过程中的各种安全隐患，规避在施工过程中出现的各种问题，实现提前发现问题，消灭隐患，为项目的合理实施创造良好条件。很好地减少了材料运输、大型机械进出场等二次搬运的困难。解决了项目工期紧、现场平面布置难度大的问题（图 4-2）。

图 4-2　三维场布

（2）碰撞检查：利用 Revit、MagiCAD 等软件创建出建筑结构、暖通、电气、给水排水等专业的三维模型，会同各专业工程师进行优化讨论。根据碰撞检测报告，出具模型调整优化方案，以调整优化模型并达到施工要求。尤其是对关键部位和关键管道进行预排布，经各方评审和论证后再根据最优方案，创建实体三维模型，避免了后续返工的风险（图 4-3）。

（3）预留洞口设置：传统作业中，机电管线预留洞都分散标注在各个专业图纸上，缺掉漏掉的情况很多，而且需要靠人力查找。同时过程中不能保证预留洞口的准确性，

图 4-3　弱电桥架布置

这使得后期现场作业杂乱，对后期收尾工作造成很大影响。利用 MagiCAD 软件预留洞口功能，能够快速、准确地在模型上生成预留洞口。避免了后期二次开洞，节约了工期以及人力和财力，改善了安全文明施工与环境。

（4）施工方案模拟：利用 BIM 可视性特点进行施工方案的模拟，使斜屋架细部节点立体直观展示，实现直观精确的施工方案交底。同时通过各施工步骤效果图及施工动画，使施工人员更为直观地理解交底意图，提高了交底效率和理解准确性，为后期施工质量提供了很好的保障。

（5）进度管控：本工程 A1 项目地下结构 61 个流水段，地上结构 39 个流水段，流水段划分众多，专业交叉频繁，加之变更频繁、工期紧张。若是生产计划安排不合理，将会对整体工程进度造成影响。项目利用 BIM5D 软件实现流水段划分与进度计划关联，通过进度模拟直观表达施工进度。并通过计划进度与实际进度进行对比，及时分析偏差对工期的影响以及产生原因，大大提升方案比对效率，方便指导管理者采取有效措施完成对项目进度的控制，保证项目按时竣工。

（6）自动排砖：项目工期紧，体量大，几乎拿不出时间进行传统 CAD 排砖。利用 BIM5D 自动排砖功能，统一设置好相关参数自动排砖，同时添加构造柱、圈梁、洞口等相关信息，在此基础上再进行精细化排砖，对细节进行精细化调整。应用过程中效率提高了 10 倍左右，控量节省约 3%。同时提高了施工技术质量，减少二次搬运，使工程在技术上有了大幅度提升（图 4-4）。

（7）资料协同：施工过程产生的资料多如牛毛，这对项目的资料管理能力提出了更高的要求。传统模式资料管理动作滞后，很多资料都是后补的，而且缺乏有效的结构化管理，数据真实性、及时性均无法保障。利用 BIM＋云技术可实现将工程资料上传到云端，并进行结构化梳理，让资料归有所属。如：图纸、技术安全资料、会议纪要等，可随时调用查看，数据永久保存不遗失。项目部日常管理资料也可实现实时上传存储，不但提升了项目的资料管理能力，也做到了数据留痕与有效协同，大大提升了各个项目管

图 4-4　现场排砖效果

理的效率和水平。

（8）质量安全：本项目参与单位众多，体量巨大，项目的质量安全隐患众多。按照传统模式，质量安全问题管理闭环耗时长，且需要有专人进行催促管理。而且由于缺少数据留痕，也造成后续管理的困难，容易出现扯皮的现象发生。利用 BIM 技术，现场管理人员发现质量安全问题，用手机端拍摄照片并描述问题，通过权限的设置上传发现的问题至云端，使得所有相关人员均可以看到实时信息。数据还可实现及时存储与汇总分析，归纳问题出现的类型和出现的概率。管理层及时查看项目质量安全情况汇总信息，对项目的决策和管理提供强有力的数据支撑，将项目的整体管理水平提升至一个新的高度。

（9）智慧工程管理平台：智慧监管平台建设不仅仅是技术范畴，更多地需要与实际的管理流程、现场管理方式相匹配。本着一个平台，集中掌控的思路，平台服务于建设指挥部，满足指挥部对上汇报、对下管控、平级交流的需求，平台整体框架面向不同用户分成三层：

应用层是总包各项目部现场使用系统，包括 BIM5D 管理系统、现场劳务管理系统、现场物资管理系统、机械设备管理系统、技术质量管理系统、生产安全管理系统。这些系统充分利用 RFID、电子标签、测量器、传感器、摄像头、智能设备，实时监控、数据采集、智能感知，提高项目部工作效率的同时为上一层提供数据。

管控层是核心，面向指挥部提供统一的监管平台，一方面通过统一数据标准将不同项目部的业务数据集成，另一方面建立进度、劳务、质量安全、智能监控等模块，实现施工过程中对各项目的进度、质量、人员等情况的实时监管。

展示层主要实现对上汇报，将不同平台的模型、业务数据、视屏等集成展示在同一界面，以各种统计分析图标以及模型、视频等直观性方式展示整个区域施工状态（图 4-5）。

图 4-5　智慧工程管理平台

4.1.4　BIM 应用总结

1. 项目实际应用问题的应用效果总结

（1）项目通过 BIM 三维建模、可视化交底，对关键部位进行质量把控。对工程量进行精细化计算，采用限额领料等措施，对超出的用量进行追根溯源。通过 BIM 技术应用，从成本、质量、工期等方面都得到了显著效果。

（2）B1、B2 工程通过各专业深化设计检查出碰撞检查点 8129 处，节省工期 35 天，减少成本损失 750 万元。

（3）A3、A4 项目应用 BIM 技术后综合效果比目标值提高了约 5 个百分点。实现了结构施工 84 小时一层楼，累计节约成本近 300 万元。

（4）借助本项目 BIM 应用成果，各总包单位获得北京 BIM 应用标杆项目称号，同时在中国建设工程 BIM 大赛等各项比赛中获得优异成绩，并带动公司其他项目推广使用 BIM 技术。

2. BIM 应用方法总结

（1）制定 BIM 模型标准及管理方法：包括钢结构的建模标准、BIM 模型管理标准、BIM 技术应用实施方案、土建模型标准指南、BIM 建模工作流程、机电建模标准指南、机电三维深化设计方案在内的相关技术标准。

（2）BIM 人才培养：培养出能够独立建立土建、机电、装修等专业模型的 BIM 建模人才；培养出能够协调项目参与各方事务，通过平台实现项目协同管理的 BIM 管理人才。这样一批 BIM 应用骨干人员，为各总包后续项目的 BIM 推进积累了人才库（表 4-2）。

BIM 人才培养　　表 4-2

软件名称	功能	培养人员数量		
		城建项目	住总项目	中建一局项目
Revit	建模	5	3	5
Navisworks	模型综合、碰撞检查	2	1	2
广联达 BIM5D	BIM 管理	2	1	2
Fuzor	动画制作	1	1	1
MagiCAD	机电支吊架建模	5	2	4

（3）各项目之间的管理协调实现了标准化：

1）制度建设标准化：包括管理制度标准和信息使用制度标准，一是整个副中心项目部自身管理制度的标准化，明确管理流程、岗位职责，做到有法可依。二是信息化制度标准化，建立信息化培训和考核制度，保证信息化系统正常运行。

2）信息资源标准化：规范各系统产生的数据，包括 BIM 数据、视频数据、图像数据、文字数据、图纸数据等。一是统一项目分解结构、项目组织机构编码、文件编码与结构等基础性编码。二是建立业务数据标准和接口标准，支撑监管平台与项目部各业务系统的数据交换。

3）流程标准化：统一技术执行动作，包括数据采集方法与硬件设备规格技术指标要求、网络传输信息共享要求、各级平台系统对接要求，BIM 模型建立和使用要求等。

对话项目负责人——曾勃

曾勃：现任北京城市副中心行政办公区工程建设办公室安全生产部部长，北京城市副中心行政办公区基于 BIM＋智慧建造课题组负责人；国家一级建造师，高级工程师。多年以来从事施工管理和技术创新工作，以及 BIM 技术及信息化管理研究工作，并在信息化专业杂志上发表多篇论文。在 BIM 技术应用、推动信息化技术发展等方面贡献突出。

1. 作为建设方负责人，您认为 BIM 技术在本项目中的应用重点是哪些方面?

建设北京城市副中心是国家重大战略，是京津冀协同发展的重要措施之一。习近平总书记 2017 年考察北京城市副中心时指出，“站在当前这个时间节点建设北京城市副中心，要有 21 世纪的眼光。规划、建设、管理都要坚持高起点、高标准、高水平，落实世界眼光、国际标准、中国特色、高点定位的要求。”当前，世界正处于高度信息化时代，大数据和人工智能相关技术高速发展，智能时代正向我们走来。全球建筑业正从传统建造模式向数字化建造模式过渡，各种建筑信息化、智能化技术层出不穷，智慧建筑、智慧城市正在孕育。BIM 作为工程建设项目数字化设计、施工和运维的一种计算机技术，可通过虚拟仿真和协同对不同阶段的方案和实施过程进行优化，降低项目实施风险、提高组织效率，是全球公认的建筑信息化和智能化的基础技术之一，是北京城市副中心落实“世界眼光、国际标准、中国特色、高点定位”要求的必然选择。

BIM 在城市副中心的广泛应用将显著提高北京乃至京津冀地区的建筑业信息化水平，推动北京建筑业产业升级，为北京建筑信息技术产业化带来重大发展机遇。同时，BIM 应用对建筑业传统管理方式的革命性改变，也将对北京工程建设领域国家治理体系和治理能力提出更高的要求。2016 年，北京城市副中心行政办公区率先开工建设。作为北京城市副中心主要功能区之一，行政办公区的建设和投入使用将对疏解非首都功能带有示范性和引领性作用。蔡奇同志在城市副中心调研时指出“加快推进行政办公区建设。做非常之事，必下非常之功。要保工期、保安全、保质量，确保按时实现既定目标”。北京城市副中心行政办公区工程建设办公室在行政办公区一期工程建设过程中，牵头成立“BIM+智慧建造”课题组，引进 BIM 及相关技术，积极开展 BIM 与多种信息技术融合的试点应用，初步形成“BIM+智慧建造”技术体系，在工程施工进度、成本、技术、质量、安全管理等方面取得了明显成效，为行政办公区建设目标的实现发挥了重要作用。行政办公区 BIM 应用的技术验证和政策试验成果也为在北京城市副中心公共工程广泛开展 BIM 应用提供了重要的参考。

2. 北京城市副中心项目的 BIM 应用过程遇到了哪些阻力，是如何解决的?

行政办公区 BIM 应用除了遇到行业内普遍存在的应用软硬件费用过高、应用人才短缺等问题外，相对于较高的 BIM 应用期望值，在城市副中心推广 BIM 应用还存在一些障碍。主要包括：一是设计、运维企业缺乏开展 BIM 应用的主动性。由于 BIM 应用需要对原有的工作流程和工作方式进行调整，设计人员需要重新学习 BIM 设计，其应用 BIM 设计的熟练程度又将影响其设计的效率，因此，虽然 BIM 设计可以提高设计准确率，但是在工期紧张、没有额外的 BIM 设计费用又无强制性要求的情况下，设计人员缺乏应用 BIM 设计的主动性，BIM 设计的进度也常常无法满足施工需要。而对于运维来说，BIM 在运维阶段的应用类似于定制服务，应用的深度取决于运维单位的需求，在运维单位以及运维方式不确定的情况下，无法开展针对性的 BIM 应用。二是部分中小型企业缺乏开展 BIM 应用的主动性。由于 BIM 应用需要配备专用的软件，需要配置性能相对较高的计算机终端和存储设备，还需要对应用人员进行专业化培训，这些对初次应用的企业来说是一笔不小的支出。因此，规模较小的中小型企业、合同额较小的承包商或者是任务比较简单的承包商都没有主动开展 BIM 应用的意愿。即使总承包单位愿意提供相关软硬件设备，如果没有强制性要求，这些承包商也会因为 BIM 应用给自己带来的效益不明显，而缺乏主动应用的意愿。

行政办公区在解决相关障碍方面主要还是依靠政府层面的支持。北京城市副中心行政办公区工程建设办公室于 2016 年牵头成立了“BIM+智慧建造”课题组，在行政办公区开展基于 BIM 应用的智慧建造研究。在市经信委、市科委的大力支持下，课题组争取到部分科技资金支持。同时，北京建工、城建、住总、中建一局等施工总承包企业作为课题承担单位也为课题配套部分资金，在其承担的项目中开展 BIM 应用试点。课题组采取“政府搭台，企业唱戏”的工作模式，组织搭建基于 BIM 的智慧建造协同管理平台，编制配套的“BIM＋智慧建造”标准，鼓励各参建单位开展各种类型的BIM及相关信息技术的创新实践。课题研究期间，课题组定期组织课题承担单位和其他相关单位召开BIM应用技术研讨会和推进会议，研究解决BIM应用过程中出现的问题，指导各建设项目深入开展BIM应用，在结构施工阶段基本实现了工程建设项目基于BIM的协同管理。

3.结合本项目的BIM实践，请您给建设方的BIM应用方式提出一些建议?

行政办公区的BIM应用实践验证了多项信息技术、智能技术在建筑施工领域应用的可行性，验证了建筑业传统的劳务管理、机械管理、材料管理、技术管理以及环境管理等主要资源要素通过BIM及相关信息技术实现虚拟建造的可行性。BIM技术在行政办公区的成功应用表明城市副中心已经具备发展建筑信息产业、深入开展BIM应用的技术条件。同时，在BIM应用发展及配套政策方面也获得了一些经验，主要包括：

第一，要有明确的BIM应用目标。由于行政办公区一期工程建设任务特别重，时间特别紧，所以行政办公区的BIM应用不仅要验证BIM及相关技术在城市副中心广泛应用的可行性，更重要的是要验证BIM应用是否具有切实提高效率、降低风险的价值，确保如期安全高质交付。因此，行政办公区BIM应用始终聚焦于工程进度的管控，针对影响进度的几大因素，采用多种信息技术与施工进度BIM模型关联，进行自动分析，查找问题原因，提高现场指挥决策效率。仅钢结构施工一项，就通过深度的BIM应用将因需求变化、设计延误等造成的进度滞后扭转为提前20天完成。

第二，要有良好的应用政策环境。除了市经信委和市科委的科研经费支持外，行政办公区几乎所有的BIM应用都是在工程建设办的统一协调下开展的，较好地解决了BIM涉及管理部门多、应用政策不容易协调的问题。在工程建设办的统一要求下，行政办公区各工程项目均成立BIM工作组，开展了BIM应用策划并安装了必需的信息采集设备，保证了开展BIM应用所需的软硬件和人员配置需求。此外，工程建设办还组织与BIM产业相关的软硬件服务商、科研机构以及协会组织等，在行政办公区进行技术交流研讨，主办新技术介绍和培训，开展BIM应用比赛，通过营造良好的BIM应用环境，促进各施工项目相互学习、相互竞争、共同提高。

第三，要有高效的决策协调机制。BIM技术作为新兴的信息技术，在应用过程中难免会与传统的施工管理模式产生冲突，需要大量的工作协调。行政办公区依托“BIM＋智慧建造”课题组开展BIM应用，较好地解决了协调问题。课题组由工程建设办牵头，几家施工总承包单位和软件支持单位是共同承担单位，其他成员单位则包括了若干软硬件服务商、科研机构、咨询单位、高等教育机构以及行业协会。课题组的组织架构避免了传统科层式管理模式信息沟通不畅、决策效率低的缺点，符合网络化治理扁平化的管理特征，决策层、管理层和执行层一边共同制定规则一边相互督促落实执行，能最大限度地保证政策的执行效果。

4.您认为未来BIM应用在北京城市副中心建设中将如何发展?

在城市副中心开展BIM应用，充分发挥BIM协同的技术优势，试点工程建设领域行政管理体制改革，改造传统政务业务流程，改进组织机构和工作方式，不仅有利于发挥 BIM 及相关技术的最大应用价值，实现城市副中心的建设管理目标，还将为北京市深化工程建设领域改革、推进国家治理体系和治理能力现代化积累宝贵的经验。对于未来 BIM 应用在北京城市副中心的发展，我们有如下建议：

（1）明确副中心 BIM 应用的发展目标

落实中央对城市副中心建设的工作要求，顺应国际先进技术发展潮流，优化城市副中心建筑业信息化发展环境，在公共工程设计、施工、运维中全面开展 BIM 及相关信息技术应用，推动信息技术与建筑业发展深度融合，培育一批具有国际先进水平的建筑业企业和具有 BIM 相关自主知识产权的信息技术企业，吸引更多 BIM 相关产业的优势企业集聚城市副中心，为 BIM 未来的发展打好基础。

（2）优化副中心 BIM 应用的组织领导

组建城市副中心 BIM 应用综合协调机构，整合政府各部门的 BIM 产业相关管理职能，采用网络化的组织结构，打破部门间的壁垒，全面负责城市副中心 BIM 应用相关产业发展计划及配套政策的制定和监督执行。通过进行基于 BIM 的工程建设行政审批流程的试点改造，编制发布 BIM 相关技术标准和作业指南以及其他相关措施，及时协调解决推进过程中出现的问题，确保实现发展目标。

（3）完善副中心 BIM 应用的配套环境

针对发展 BIM 应用可能出现的障碍，特别是初期软硬件投入成本高、人员技能缺乏等问题，由政府会同相关单位适当增加 BIM 应用公共资源的投入，降低 BIM 应用的门槛。具体措施包括：一是建立城市副中心 BIM 应用软硬件服务中心，一方面从工程建设费用中协调部分资金统一采购 BIM 应用的基础性软件和硬件服务，免费或租赁给参与城市副中心建设的相关企业特别是小型企业使用，降低企业软硬件采购产生的固定成本；另一方面利用科技发展资金支持软件开发企业、硬件生产商开展各类新型软硬件试用服务，协助相关企业开展新品试用、进行产品评估、推动产品迭代升级。二是建立城市副中心 BIM 应用人才服务中心，定期开设 BIM 应用培训课程，提供 BIM 应用人才等级评定服务，搭建 BIM 人才招聘平台，为城市副中心各参建单位提供便捷的人才服务，为产业发展提供人才支持。三是建立城市副中心 BIM 应用展示交流中心，配备先进的 BIM 应用展示设备，为 BIM 应用相关企业提供技术交流和展示的平台。四是引导电信基础设施运营商在城市副中心建设区域建设高质量的数据传输网络，适当降低数据通信服务费用，支持 BIM 及其他信息化应用的数据传输。

（4）支持副中心 BIM 应用相关产业发展

积极融入北京打造科技创新中心的发展规划，支持 BIM 与人工智能、大数据、智能制造、移动互联、新型显示等产业的融合发展，鼓励创立拓展 BIM 应用的创新型信息技术企业，力争在建筑数字化、网络化、智能化方面取得突破性进展。支持 BIM、大数据、智能化、移动通信、云计算、物联网等信息技术在城市副中心公共工程建设项目的集成应用，鼓励相关软件开发企业和咨询服务企业开展针对智慧城市、智慧建筑的专业化服务，推动建筑设计、施工和运维企业转型成为精通 BIM 应用的新型建筑信息化企业，引导相关企业、机构和社会组织初步形成完整的 BIM 应用产业链。

（5）加强副中心 BIM 应用的理论研究

鼓励和资助相关大学、科研院所和其他研究机构开展 BIM 应用发展的政策理论及基础科学研究。针对城市副中心 BIM 应用过程中可能存在的政策障碍，提前做好政策理论研究，制定可行的对策和建议，科学合理地逐步深入开展 BIM 应用。同时，密切关注脑科学、人工智能等前沿科学的研究进展，开展人工智能驱动的智慧建筑工业基础理论研究，为 BIM 在智慧城市、智慧建筑的拓展应用提供理论支撑。

BIM 是建筑业信息化具有代表性的技术，是建筑产业通向信息化和智能化时代的重要路径，是未来全球建筑业竞争的决定性因素之一。通过改进政府相关部门的组织方式、加强 BIM 应用基础理论研究、打造适宜 BIM 相关产业发展的外部环境、扶持 BIM 相关产业企业的发展以及引导 BIM 相关产业集聚城市副中心等政策措施，将有利于发挥 BIM 应用的最大价值，提高城市副中心工程建设水平，实现城市副中心的建设目标。

4.2　北京市 CBD 核心区 Z15 地块（中国尊大厦）项目 BIM 应用案例

4.2.1　项目概况

1. 项目基本信息

北京市朝阳区 CBD 核心区 Z15 地块（中国尊大厦）项目占地约 11478m^2，其中地上建筑面积 35 万 m^2，地下建筑面积 8.7 万 m^2，建成后将集办公、多功能中心等功能于一体。本项目施工总承包单位为中国建筑股份有限公司和中建三局集团有限公司联合体，工程为首幢在抗震八度设防的高设防烈度地区超过 500m 的超高层建筑，建成后作为北京市新的地标性建筑，社会影响大（图 4-6）。

图 4-6　中国尊大厦效果图

2. 项目难点

（1）工期紧张：本项目工期仅为 62 个月，在同类超高层项目中工期最短。建筑功能复杂且专业单位众多，对工程的进度计划管理提出非常高的要求。

（2）工艺复杂：土建、钢结构、装饰装修、机电专业等都存在设计复杂节点的问题，施工工艺超常规且存在多专业间的相互影响。

（3）参建方多、协调难度大：本工

程为超高大型项目，施工过程多专业、多工种的交叉设计、施工管理、立体作业情况十分普遍，给施工总承包单位的协调管理工作带来较大难度。

（4）品质要求高：考虑到大厦未来的用途和定位，建设方对品质要求非常高。在满足功能的基础上，对细节的高标准使得大厦设计和施工过程优化工作量大大增加，并需要采用预制化的手段提高品质。

3. 应用目标

中国尊大厦项目采用全生命期的 BIM 应用，按照设计阶段全面介入、施工阶段深度应用、运维阶段增值创效的理念，减少规划、设计、建造、运营等各个环节之间沟通障碍，提高效率、节约成本、减少拆改。

4.2.2 BIM 应用方案

1. BIM 应用内容

以解决问题、创造效益、减少浪费为基本出发点，项目各参建单位从全过程的 BIM 工作入手，践行了一系列 BIM 应用。项目施工阶段在常规 BIM 应用基础之上，团队创新了大厦超精度的深化设计、超难度的施工模拟、超体量的预制加工、全方位的三维扫描等深度应用。

（1）图纸审核及优化：与传统二维图纸审核配合，交叉审核图纸并进行改进。

（2）BIM 深化设计：基于 BIM 模型进行各个专业的二维与三维之间的校核，以及各专业之间的三维综合协调。

（3）综合协调与碰撞检查：在现场施工前对复杂节点进行综合协调与碰撞检查。

（4）施工模拟：选择重要且有必要的施工方案和重点部位进行工艺和进度模拟。

（5）预制化建造：高精度的 BIM 模型可以直接与工厂预制化加工结合。

（6）BIM＋三维激光扫描：做 BIM＋三维扫描的应用尝试。

（7）轻量化应用：探索基于 BIM 技术的现场指导施工和验收方式。

（8）基于 BIM 模型的智慧运维：实现完整的集成化 BIM 运维平台管理。

2. BIM 应用策划

（1）软件选取方案：项目以 Autodesk 公司系列软件为基础软件平台，同时为配合钢结构、幕墙、装饰等专业的特殊需求，在部分区域用 Tekla、T-fas、Rhino 等软件进行建模。最终所有专业模型需要导入 Navisworks 轻量化平台进行综合应用。

（2）组织架构与分工：在施工阶段，由于分包单位众多，施工总承包单位专门设置 BIM 管理部并牵头组织项目 BIM 工作，对各分包进行 BIM 工作协调管理，并完成总承包范围内的 BIM 模型深化和 BIM 各项应用。施工阶段参与总人数超过 120 人。同时，为了促进 BIM 技术在总承包管理过程中的推广，总承包管理团队在各个职能部门均配备 BIM 专员，深入践行 BIM 在各职能部门中的应用。

（3）应用顺序：在业主方的总体规划下，本项目 BIM 模型做到完整的流转，施工阶段继承设计阶段的 BIM 模型，并进行模型深化，替换部分设计模型，增加必要过程信息，最终将模型深度提升至竣工模型标准。最终的竣工模型包含了运维所需要的所有信息，并最终用于基于 BIM 模型的可视化运维系统。

4.2.3　BIM 实施过程

1. BIM 应用准备

（1）制度准备：由于参建方众多，需要统一的管理标准和技术标准对 BIM 工作进行约定，保证 BIM 工作在不同单位之间协调推进。另外，项目在设计初期，就已经完成了第一版基于本项目实际情况的《中国尊项目 BIM 实施导则》，导则是本项目所有参建人员的 BIM 行动准则和技术指南。随着项目的推进不断完善导则，增加对应的 BIM 工作指标、流程和要求。

（2）人员准备：根据导则的规定，所有参加单位，须应用指定的软件。对所有参建方人员，各层级 BIM 团队采用集中培训、发放资料等手段，确保项目团队熟练掌握相关软件的使用，同时要求业务部门掌握可以满足实际工作需要的基本模型操作能力。

（3）技术准备：为了达成全员应用 BIM 的目标，项目在软硬件方面为员工进行全面配置，并确保每个部门至少有一台工作站或同级别电脑。针对现场管理工作，项目 BIM 管理部将所有模型进行轻量化，并定期更新，其他各部门管理人员可以方便导入配备的移动终端，进行模型现场使用。而模型中的信息，也会根据最新的现场需要进行新增和更新，确保模型使用的时效性和准确性。

2. BIM 应用过程

（1）图纸审核及优化：根据统计，施工图设计阶段，共对北京院完成五轮设计成果报审。由业主单位、顾问单位、施工单位提出审核意见 11981 项。其中，对施工图的 BIM 复核 24 批次，解决了各种设计问题 4959 项，大幅降低了施工过程中因碰撞、拆改及因设备未选定而造成的成本浪费和工期延误问题发生的概率。

（2）BIM 深化设计：根据中国尊项目要求所有专业全面应用 BIM 深化设计的总原则，以及要求模型与图纸同步提交，保证深化图纸质量和模型的及时性，项目部开展了各专业的 BIM 深化设计工作。

1）结构深化：钢结构所有构件均采用三维设计，并且精度达到加工级别。同时将钢结构与钢筋的复杂交叉节点进行了完整模拟，在现场施工前，将节点优化方案表达在图纸中。深化成果直接用三维形式表现在图纸会审中，并用于施工三维可视化施工交底，帮助参建人员理解复杂工艺和节点。对设计单位提供的 BIM 模型进行二次结构的深化，包括增加构造柱、圈梁、过梁及墙留洞。深化过程中实现与机电模型的协调，在模型中精确预留穿墙洞口位置，生成留洞图，避免错漏。

2）机电深化：在设计单位提供的机电模型基础上进行深化设计，利用 BIM 可视化的优势，在三维环境中对机电的不同系统展开综合排布。深化设计过程中，机电专业制作了大量的 BIM 构件。设备构件按导则要求统一命名，并根据模型信息详表将信息完整导入模型，在实现机电设备合理排布的基础上，还为未来大厦的智慧运维提供数据基础。

同时，对原设计水泵布置凌乱、水泵支管不整齐、检修空间不合理等问题进行优化。水泵房内管道经过方案优化后，将现场焊接方式调整为工厂预制化加工、现场组装的施工方案，减少现场焊接会引起漏水、误差等问题的出现（图 4-7）。

图 4-7　机电设备排布深化

3）装饰装修深化：项目部建立了大量的装饰族文件，并以此完成了所有楼层的地面、墙面、吊顶模型。过程中对于吊顶吊杆、石膏板墙分缝、地板板块排布等进行统一的三维设计，并且可以直接输出综合排布图。在大堂等精装修区域，采用 Rhino 进行造型参数化设计，并辅助方案选型。大量异形构件可通过 BIM 模型直接进行工厂预制化加工（图 4-8）。

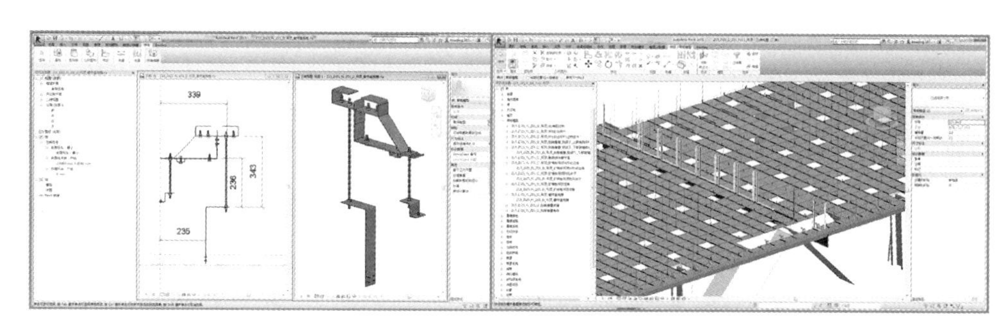

图 4-8　装饰构件深化

4）幕墙深化：幕墙专业利用 BIM 模型确认单元板块分隔和定位，建立幕墙加工模型，直接生成施工节点详图。另外，幕墙 BIM 模型可以实现直接进入数控机床进行加工生产，保证幕墙异形曲面的加工精度（图 4-9）。

（3）综合协调与碰撞检查：利用全专业的高精度 BIM 深化模型，并基于相同的标准格式，项目各专业之间的超细度综合协调可以真正做到深化设计的有效性、及时性和可实施性。综合协调报告作为正式的协调文件，分区域下发各相关专业部门和分包单位，很好地解决了实际设计的冲突问题。在定期组织的协调例会上，针对模型中发现的问题，可以共同在模型中解决模型和现场问题。针对某一区域的多轮综合协调，一般可以将设计图纸及模型中的错、碰、漏、缺发现并解决 80%以上，有效提高深化图纸的设计质量，并保持专业间交叉部位的合理设计，减少现场拆改（图 4-10）。

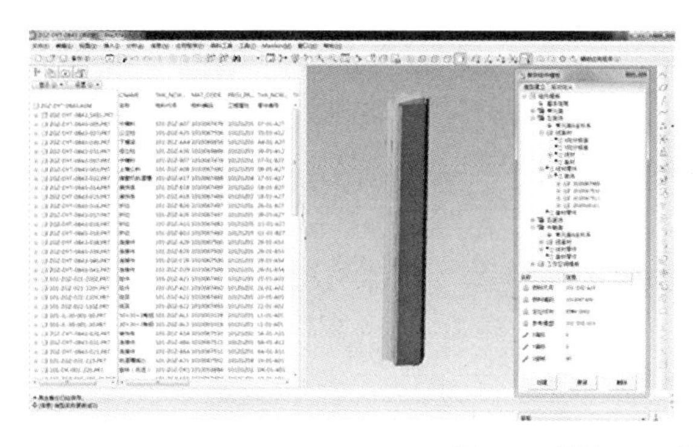
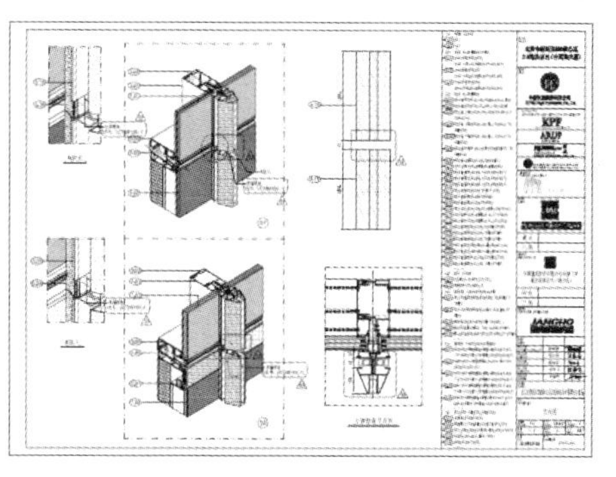

图 4-9　幕墙 BIM 深化并出图

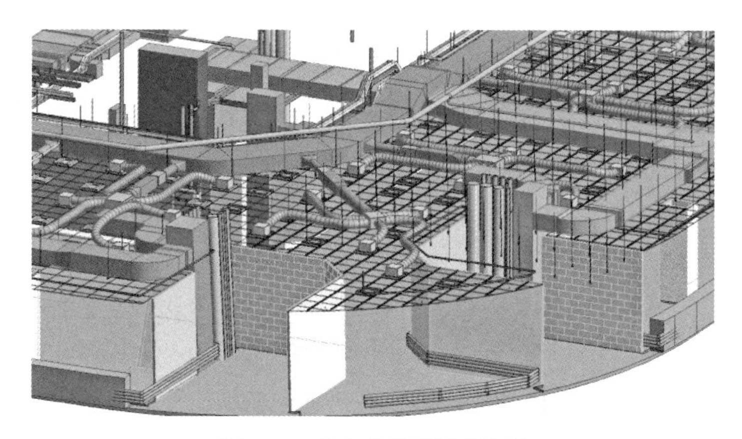

图 4-10　多专业模型综合协调

（4）施工模拟：施工阶段的施工模拟是对施工方案、工艺的再验证，并进行细节优化。项目对施工过程中的重大方案进行完整且精细化的模拟，综合考虑工艺方法、时间、空间等因素，完成大型方案的综合模拟，并在实施前进行专项方案论证和三维预演，发现综合环境下隐藏的矛盾，并提前解决，最终应用完善的三维施工模拟方式进行技术交底。

（5）预制化加工：项目多专业践行预制化、装配式建造，其中重点应用在异形装饰构件、机电预制立管、组合桥架、幕墙等专业。通过信息化管理平台对构件的下料、运输、安装进行全过程管理，优化排版取料顺序，实时更新材料精确位置，减少材料浪费。

（6）BIM＋三维激光扫描：项目对每一个楼层都开展了三维扫描工作，完成了全部 108 层的结构扫描和主要装修、机电设备间的扫描，仅原始点云数据量已经超过 2TB。后期将作为工程过程资料的一部分，辅助业主进行运维管理。

点云代表实际，BIM 模型为虚拟。综合在一起分析设计是否正确，施工是否存在误差。通过点云数据开展碰撞检查更具有真实性，避免了因为现场偏差造成下一道工序无法安装的情况发生。通过扫描点云数据与 BIM 模型误差报告的大数据分析，能准确捕捉质量控制的关键部位，有针对性地进行纠偏，为工程质量管理提供了新思路（图 4-11）。

图 4-11 点云数据与机电深化模型整合

（7）轻量化 BIM 应用：项目采购了 30 余台 iPad 用于施工管理，覆盖深化设计、现场管理、质量控制等各业务的 BIM 应用，显著提升现场管理效率。现场管理人员摆脱携带大量图纸的传统，同时综合全专业的模型更容易理解现场安装是否准确，也弥补了工程师专业偏科的局限性。

（8）基于 BIM 模型的智慧运维：BIM 解决了图纸管理难、保管难、复制难、查找难等问题，通过 BIM 实现全方位三维场景观察，通过鼠标点击 BIM 模型即可查看设备的详细信息，更能在设备发生故障时，同步调出备品备件信息及处理方案。为了实现完整的 BIM 运维管理，集成化的运维平台必不可少。由建设单位牵头，指定专业团队研发的运维平台逐步搭设和完善，进一步将机电设备、门禁系统等进行挂接，实现了实时动态显示、远程控制等。随着需求的进一步完善，系统将逐渐落地，实践智慧运维。

4.2.4 BIM 应用总结

1. 项目实际应用问题的应用效果总结

（1）项目各参与方全面应用 BIM 技术，实现中国尊大厦建设全过程应用中的 BIM 信息交换连续性的要求，在国内首次实现 BIM 模型从设计到施工再到运营的流转和传递，避免了多次建模的资源浪费。采用 BIM 进行设计，在设计及施工阶段累计发现 12500 余个问题，大量减少了可能发生的拆改和返工。据初步统计，现场变更数量较同类超高层降低 70%～80%（被动变更占比更低）。

（2）在实施过程中，各参建方利用 BIM 技术在可视、协调、模拟方面的优势，有效地提高了设计质量和效率，提升了项目管理水平，促进了项目节能减排、绿色环保工作的开展。据初步测算，结合 BIM 对建筑空间进行的优化，为大厦增加了超过 7000m^2 的使用面积；优化了超过 20 个大型设备用房的机电排布，使物业运维更加便捷；大量构件实现场外加工或预制生产，有效减少现场扬尘及污染，产生建筑垃圾仅为 LEED 金级评定标准的 10%。

2. BIM 应用方法总结

(1) 中国尊项目在 BIM 践行过程中，逐步发展出一套基于 BIM 的超高层管理流程和方法，在多单位协同、标准化模型传递、解决实际问题等方面起到突出作用。《中国尊项目 BIM 实施导则》已经升版至第 6 版，其中不仅包含全面的技术指标规定，更有一套适用于本项目的 BIM 实施流程，详细规定 BIM 模型在不同阶段应完成的操作，在此基础上形成一套可在其他项目复用的 BIM 管理方法。

(2) 项目 BIM 人员也参与了多项地方标准、行业间数据融合标准、企业标准等 BIM 标准的制定工作，将中国尊项目 BIM 应用过程中的经验和成果融入其中，为整个行业的管理升级作出了贡献。

(3) BIM 人才培养总结：中国尊项目所有 BIM 专职和参与人员超过 200 人，在不同的应用领域培养了一批有 BIM 实践经验，同时又具备专业能力的工程师。原则上，项目 BIM 人员需要是专业工程师出身，本身具备专业知识后再学习 BIM 技术和理念，用于解决实际问题。这些员工并不局限于专职 BIM 管理人员，更多的是业务部门的骨干。这样的培养方式，真正培养出了一批掌握 BIM 与专业应用的复合型人才，而不只是一些会操作 BIM 软件的操作人员。

对话项目负责人——许立山

许立山：国家一级注册建造师，曾任央视新台址主楼工程项目副总工程师，目前担任中建三局大项目管理公司副总经理兼中国尊项目执行总工和 BIM 总监，长期在大型复杂超高层项目从事施工管理和技术创新工作。参编国家规范两项、专著五项，获得国家专利和工法多项，在核心期刊发表科技论文十余篇。曾获评“全国优秀施工企业总工程师”“北京市优秀青年工程师”“中建总公司‘十一五’科技创新工作先进个人”等多项荣誉。对超高层 BIM 技术应用及基于 BIM 的总承包管理有较深入的研究，多次作为特邀嘉宾在“京台科技论坛”“国际绿色建筑与建筑节能大会”“AU 大师汇”等国内外大型建筑行业论坛发表演讲。

1. 中建三局希望借助 BIM 技术为中国尊大厦项目带来哪些价值?

中国尊项目是一座结构超高、造型独特、功能复杂的地标性建筑物，项目在 2013 年 7 月就已经开工建设，那时候的 BIM 并不像现在这样在整个行业如火如荼，但三局已经充分意识到 BIM 技术将带来建筑业的巨大变革，不仅仅在技术创新方面，还有基于技术的管理创新上，都将有重要意义。于是，在项目开始之初，我们对 BIM 技术在中国尊项目中的应用，制订了详细的执行方案，该方案兼顾前瞻性和可执行性，主旨是希望通过 BIM 实现施工过程的价值创造。因此，可以看到我们的方案对深化设计和施工模拟等应用有具体的要求，而受限于当时的软件水平，我们对造价管理不建议全面应用。

具体的实施过程中，我们也一直坚持把 BIM 与总包管理结合起来，而不是让 BIM

成为演示和创优的工具。项目部专门成立了BIM管理部，这在当时我们企业的项目组织架构中是一个创新，而且BIM部与技术部、设计协调部联合办公，取得了非常好的效果。现在来回顾整个项目，成果主要集中在技术支撑和管理优化两个方面：

首先在技术方面，我们是希望借助中国尊这一超复杂、大体量的项目，对BIM技术各项应用点都进行实践，通过深度应用挖掘其价值，并判断是否有推广意义。所以，我们的应用比一般工程都做得更深入，持续时间也更长，比如利用BIM辅助全专业的深化设计、使用三维扫描数据分析质量偏差，这些都是我们主动推行的技术创新应用，用在了整栋大楼的每一层之中，这种数据积累和应用的体量在国内都是罕见的，到后来就成了我们的管理日常，哪些难点和重点需要用BIM提前去解决、需要用扫描的点云模型进行质量校核，项目管理人员都很清楚，并且可以去为同类项目的实施作技术指导。

目前项目已经接近尾声，我们已经通过中国尊项目的BIM应用，比较充分地掌握了现阶段各项BIM应用点的价值和应用方式，为后续的BIM技术应用发展提供了可靠的技术储备。同时，对于数字化新技术我们也都保持学习和开放的态度，希望可以为普遍化的BIM应用落地去发现并总结这些新技术对建造过程的价值。另外，在管理方面，先进的技术一定需要一套与之匹配的先进管理方式。当时BIM技术的实施已经具备了硬件、软件的基本操作条件，只是缺乏良好的可借鉴的整合经验。所以，我们期望通过基于BIM技术的总承包管理方式创新，为中国尊项目提质增效作出贡献。在这方面，中国尊大厦的业主方走在了前面，他们在2011年项目立项之初就已经作了充分的调研，定下了这个项目全生命期BIM管理模式基调，只有从“零和博弈”理念的契约关系转变为“多赢理念”下的伙伴关系，通过系统集成和充分协同才能充分发挥BIM的价值。

在项目实践过程中，无论是设计成果的交付和审核、设计阶段与施工阶段的“无缝衔接”、深化设计管理流程，还是现场管理模式创新等方面，我们都在努力摆脱传统思维、管理体制的制约，把BIM作为成果考核的一部分，把BIM的思维带进日常管理之中。目前，我们正在总结一套在其他项目同样可以推广应用、创造价值的BIM管理流程和方法。

2.中国尊大厦项目的BIM应用过程遇到了哪些阻力，是如何解决的？

中国尊BIM应用面临的阻力主要来自技术和管理两个方面。由于本项目建设期比一般项目要长，对于BIM技术本身的发展周期来看，时间跨度大。在2013年到2018年这5年间，BIM软件和硬件方面都取得了长足的进步。在项目刚开始的几年间，BIM工作面临模型体量大、精度高但软硬件性能不足的矛盾。比如针对大楼复杂的钢板剪力墙结构模拟，无法快速高效且精确地完成一整个楼层的三维深化，最终我们在施工前通过2个月的时间结合结构的对称性完成了四分之一楼层全部钢筋的三维搭建。这个过程中我们弥补了大量设计不足，也优化了几十个通用节点，为大楼的实际施工效果和品质提升作出了巨大贡献。同样我们也付出了包括时间和人员精力上的巨大努力，如果同样的工作放在现在，也许我们会通过性能更好的硬件和更智能化的软件，高效完成。但是这就是技术本身在一定时期内对我们造成的困难，这样的技术困境总会在新的需求下不断发生。

解决这样的 BIM 技术困境，我们以为项目实际创效为目标，从合理实用的应用角度出发，尽量通过将模型拆分、轻量化、分层级等手段解决固有技术壁垒问题，而该方式即使到今天也仍然是最合理、最主要的手段。

另外，我们的参建单位有 70 多家，虽然对各家单位有统一的 BIM 实施导则进行要求，但是各家的 BIM 应用水平参差不齐，对 BIM 的认识和理解也并不统一。作为总承包单位，我们这样的情况大大增加了对 BIM 协调和管理工作的难度。

面对这样的情况，首先我们在合同中将 BIM 工作范围和职责进行详细约定，让 BIM 工作获得合约基础。同时，我们也采取了定期开展各专项 BIM 交底、协调工作例会、完善实施导则、制定 BIM 工作奖惩制度等一系列管理手段，对各分包的 BIM 工作质量和进度进行约定，最终保证整个大楼的 BIM 成果达到预设的目标。

3. 中国尊大厦项目的 BIM 实践对中建三局今后的 BIM 发展起到哪些作用?

中国尊大厦项目的深度 BIM 应用，对中建三局的 BIM 发展起到了重要的推动性作用。过去几年，项目的建设期正好处在中国建筑工程 BIM 应用从起步狂热到相对理智的变革期，行业发生着巨变。而中国尊大厦的 BIM 应用，从规划之初就秉承业主的落地理念，没有片面强调和追求全部最新的应用点和创新点，而是努力寻求已知应用点的实际价值，并从中得到一套完整的 BIM 管理方法。这样的理念贯穿中国尊大厦 BIM 应用的始终，也是项目在复杂变革的 BIM 大环境中始终能持续发展和创造价值的核心理念。

BIM 作为先进的技术和手段，对于传统行业的冲击才刚刚开始，中建三局作为传统大型建造承包商，对于 BIM 技术的态度是积极主动并创新发展的。而中国尊恰恰是一个完美的机遇和平台，让我们可以从更高端的视角，认识、学习并掌握目前 BIM 技术的核心理念和价值。我相信随着 BIM 技术的不断进步，还有大量的新知识、新应用点、新管理方式需要我们去摸索和学习，而中国尊留给三局的，一定是包括 BIM 技术应用管理方式革新和价值创造的理念。

通过中国尊项目的实践，我们还锻炼出了一支有超高层 BIM 实施经验的队伍，不仅仅有专职的 BIM 管理人员，更在项目实施过程中积极、广泛地调动各个业务部门的工程管理人员，让整个管理团队对 BIM 的理解、应用和重视程度达到新高度。这样一批成熟的具备 BIM 思维的管理人才，已经在雄安市民服务中心智慧建造应用中起到引领作用并获得成功，他们也将继续在中建三局的其他项目中推动 BIM 技术的发展。

4. 对于超高层项目的 BIM 应用，您有哪些建议?

超高层项目因为其体量大、结构和系统复杂等特点，本身非常适合 BIM 技术可视化和智能化的发挥。但是，为了让技术本身发挥其最大的效能，从管理角度我有两个建议：

一是提前开展 BIM 深化设计。我国长期以来建筑业体制分割了设计与施工的界限，导致施工阶段拿到的设计图纸深度不足以全面指导施工，因此深化设计的工作就显得尤为重要。超高层项目系统复杂，必须将深化设计工作提前，才能让 BIM 工作在现场实施前有充足的时间将设计中的问题发现并解决，从而发挥 BIM 的协调价值。但是深化设计的准确性，又涉及其他因素，例如各专业分包单位的选择、重要设备的选定、主要设计做法的确定等，在目前国内的合同模式中，涉及很多业主方负责的工作，所以 BIM 技术仍然需要业主方全方位的理解和支持。中国尊大厦的业主方充分意识到这一点，实现机电和装饰工程专业分包提前进场，设备选型尽早确定，为后期充分的 BIM 深化设计和综合协调创造有利条件，进而减少大量变更和拆改问题，创造了巨大价值。

二是投入相应的资金和成员。超高层项目 BIM 本身的工作量大，且工作周期长，如果想让 BIM 技术得到充分落地应用并创造价值，那么一定的投入是必需的。其中，硬件、软件配置较为高端且需要不断升级更新，管理人员成本也需要充分考虑。因为 BIM 技术最终是建立在专业工程师理解并掌握的基础上，那么专业的 BIM 团队人员就要是专业工程师出身，并兼具 BIM 综合协调及应用能力，这部分人员的培养都需要投入。中国尊项目施工总包组织所有参建单位形成专门的 BIM 团队以完成对应的工作，高峰期加起来也有将近 120 人，平均在 70 人左右，均为专业工程师且专职负责相应的 BIM 建模协调和应用工作。所有这些投入，在项目成立之初，就已经进行了充分的估算，并在合同中有所明确，这让中国尊项目的 BIM 工作有了持续推进的资金保障。

4.3 北京天坛医院项目 BIM 应用案例

4.3.1 项目概况

1. 项目基本信息

首都医科大学附属北京天坛医院迁建工程一标段由中建一局总承包公司承建，位于北京市丰台区花乡桥东北区域。主体为混凝土框架剪力墙结构，总建筑面积 35.06 万 m^2，由 11 座单体组成，集门诊、急诊、康复、病房、科研等功能于一身，是 2014 年北京市政府重点工程（图 4-12）。

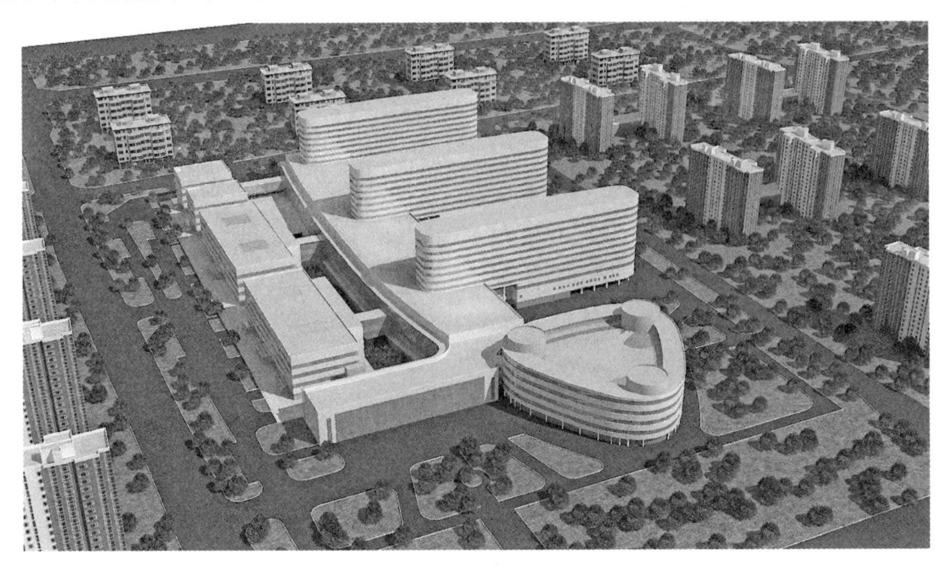

图 4-12 北京天坛医院迁建工程效果图

2. 项目难点

（1）深化设计难度大：本项目管线极其复杂，且机房众多，管线优化难度大。

（2）现场进度管理难：本项目涉及分包众多，难以有效知晓现场进度情况。

（3）医疗项目特殊：本项目大型医疗设备众多，运输安装并且创造舒适的医疗环境是一大难点。

3. 应用目标

在本项目 BIM 技术应用中，要实现以下目标：

（1）培养 BIM 人才：培养一批基础建模人才以及懂 BIM 应用、规划的管理型人才。

（2）提高深化能力：利用 BIM 技术完成模型创建与深化、可视化展示等基础应用。

（3）精细化进度管控：利用 BIM 技术的可视化特点，模拟现场建造过程，指导现场进度工作的有序开展。

（4）解决医疗专项应用：探索 BIM 技术在复杂医院项目的应用落地点，实现绿色施工、智慧建造。

（5）总结 BIM 应用方法：通过整个项目 BIM 技术的应用，总结 BIM 技术真正落地的方法。

4.3.2　BIM 应用方案

1. BIM 应用内容

结合天坛医院项目重难点及中建一局总承包公司的切实需求，制定了本项目的具体应用内容：

（1）开展 BIM 深化设计：在土建、机电、全专业综合等维度实现项目的优化。

（2）应用 BIM 平台作进度管控：通过启用 BIM 平台，管理模型和进度数据，实时预警现场进度情况。

（3）开展医疗专项应用：通过创建医疗动画、展示房间方案优化解决医院项目的特殊需求。

2. BIM 应用策划

（1）软硬件配置

根据项目 BIM 应用内容对项目所需的软件、硬件进行集中采购部署，为后期 BIM 建模及应用工作做好准备。软硬件配置如表 4-3、表 4-4 所示。

BIM 软件配置表　　　　**表 4-3**

序号	BIM 软件	用途
1	Revit 2015	创建建筑、结构、机电、幕墙专业模型
2	Tekla 18.0	创建钢结构专业模型
3	广联达场地布置软件	创建场地环境模型
4	Navisworks 2015	各专业模型集成、碰撞检查、动画模拟
5	广联达 GBIMS 系统	模型集成中心、数据集成中心、进度管理平台

BIM 硬件配置表　　　　**表 4-4**

序号	配置项	配置参数	用途
1	客户端中央处理器	4 核或 2.4GHz 以上	存储 BIM 数据
2	客户端内存	8GB 及以上	
3	客户端硬盘	1T(7200 转)	
4	客户端显卡	AMD R7 260 或 Nvidia GTX 750 或同档次显卡	
5	服务端中央处理器	2 路 9 核 2.9G 及以上	
6	服务端内存	32GB 及以上	
7	数据存储设备	5T 磁盘阵列	

（2）组织架构与分工（表 4-5）

组织架构表　　　　**表 4-5**

序号	单位类型	单位名称	组织价值
1	甲方	首都医科大学附属北京天坛医院 北京市工程咨询公司(代建公司)	提出宏观项目建设建议，把控 BIM 应用方向
2	设计单位	北京市建筑设计研究院有限公司	项目答疑，配合项目 BIM 深化设计
3	监理单位	北京双圆工程咨询监理有限公司	检查项目应用情况，保证质量
4	公司 BIM 中心	中国建筑一局集团公司总承包公司	把握集团 BIM 工作开展总体方向
5	项目 BIM 工作组	天坛医院项目部	BIM 应用执行和落地者
6	BIM 咨询公司	广联达科技股份有限公司	指导项目 BIM 工作组开展工作

（3）应用顺序

根据项目 BIM 应用目标及项目实际情况明确了项目的 BIM 应用顺序，具体信息如下：

1）编制项目执行计划书，明确项目实施方案。

2）编制建模标准，创建项目各专业样板文件，为模型创建提供基础数据。

3）采购相关软硬件设施，以便保证后期工作效率。

4）组织建模培训，保证现场人员 BIM 的基础能力。

5）根据图纸、规范、标准等要求创建项目各专业 BIM 模型。

6）对模型进行管线综合，对暴露的问题提前解决。

7）使用 BIM 平台对模型及数据进行文档的管理及业务应用。

4.3.3 BIM 实施过程

1. BIM 应用准备

（1）BIM 应用规划：在项目初期，天坛医院项目首先结合项目特点及重难点情况，编制了项目的 BIM 执行计划书，以此统领后期 BIM 工作。在建模前期，初步完善了项目各专业建模标准、族库规范以及平台应用规范，为后期项目模型的顺利创建提供了基础保障。

（2）人员BIM培训：在项目BIM工作开展的各个阶段进行了分阶段、分层次的BIM软件及技能培训工作，具体培训的内容及目标如表4-6所示。

BIM人员培训大纲　　　　**表4-6**

序号	培训专项	培训内容	培训目标
1	BIM基础理论培训	PPT课件	掌握BIM发展、现状、国家政策等
2	建模类软件培训	Revit套件	掌握建模操作
		Tekla	掌握钢结构建模操作
3	整合应用类软件培训	Navisworks	掌握动画制作、图片渲染等操作
		GBIMS系统	掌握进度管理、质安管理、图纸管理、商务管理等操作
4	项目级BIM实施方法培训	BIM实施全流程	掌握项目实施流程及实施注意事项

1）集团BIM培训：在项目建造过程中，中建一局总承包共计组织BIM培训两次，每次20天左右，针对BIM技术发展、土建建模、机电建模、模型整合检查等进行系统、基础的培训，两次培训共计110人。

2）项目BIM培训：针对天坛医院项目，中建一局总承包单位采取地下共计3层建模外包给广联达公司，外包团队驻场建模带动项目BIM小组建模的方式快速培养一局总承包BIM人才。

（3）基础模型创建：根据项目特征及施工蓝图，使用Revit软件建立土建、机电、粗装修专业模型；使用Tekla软件创建钢结构专业模型；使用广联达场地布置软件创建场地模型。

（4）业务资料收集：提前收集项目现场业务数据，为后续基于BIM模型的业务数据展示和管理作准备（表4-7）。

业务资料表　　　　**表4-7**

序号	业务资料	价值
1	进度计划文件	可以与BIM模型挂接，作虚拟模型的进度展示
2	清单计价文件	在进度模拟过程中，展现项目资金资源信息
3	施工日志	通过施工日志完善项目实际开始和完成时间，保证进度计划的准确性
4	配套工作	实现进度计划的精细化管理

2. BIM应用过程

（1）土建深化设计

1）预留孔洞：通过BIM暖通和建筑结构模型的碰撞及检查，预留出风口位置洞口，避免过程中出现返工，造成不必要的浪费。在建模过程中，先按照图纸进行建模，再进行深化，固定预留位置，反馈到施工现场。

2）粗装修净高分析：净高分析需要综合考虑深化后的各系统、各专业模型，在保证符合规范的前提下，确保地面和吊顶的标高准确性，达到最合理的空间利用效果。

（2）机电深化设计

1）复杂位置管线综合：项目 BIM 工程师根据设计 BIM 模型，提供设计纠错、模型信息缺陷报告、碰撞检查报告，协助设计人员进行管线综合，在施工前完成管线的优化。

2）机电样板间：通过 BIM 模型综合协调机房，确保在有效的空间内合理布置各专业的管线，以保证吊顶的高度来辅助现场施工。

3）制冷机房：根据深化图纸和系统图，捋清管道系统的走向，结合现场的施工及设计意图，对制冷机房进行深化，优化管道走向。

（3）各专业综合深化设计

1）锅炉房内外模型深化：根据锅炉房的深化图纸及系统图，结合与锅炉房相连接的各系统管线位置，利用 BIM 技术完成锅炉房模型空间的优化。

2）变配电室模型内外深化：根据深化图纸及系统图，参照现场完成变配电室的模型深化、优化空间，以满足变配电室的功能需要。通过 BIM 完成模型的优化，设备信息参数的添加，更加直观地显示出变配电室安装后的效果。

3）地上地下模型深化设计：根据系统图，完成地上地下立管的对接，使得系统完整。利用 BIM 对接过程中，要重点关注管道或风管的系统、管径以及尺寸，完成相对应的对接，保证系统的正确性及完整性。

4）室外室内模型深化设计：根据系统图，将室外室内模型连接起来，利用 BIM 完成室内室外管网的对接，对接过程中需注意管道尺寸、系统、坡度等，完成整个管网的串接。

（4）进度综合管理

项目采用 GBIMS 系统平台，利用 BIM 可视化优势对施工组织设计中的关键工况穿插、专项施工方案、资源调配等进行模拟。通过虚拟模拟评估进度计划的可行性，识别关键控制点，从而保证进度计划合理开展（图 4-13）。

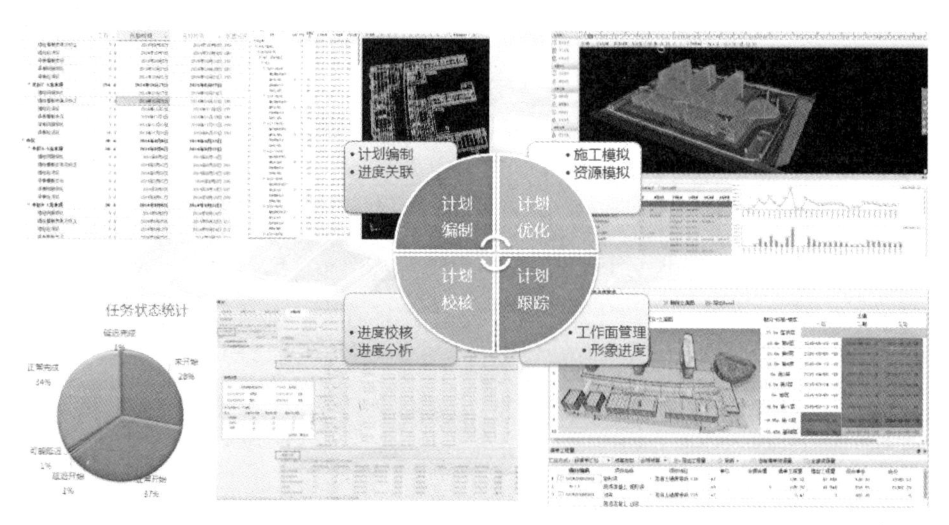

图 4-13　进度管理应用模式

1）流水段管理：在天坛医院项目中，BIM 工程师通过流水段划分等方式将模型划分为可以管理的工作面，并且将进度计划、分包合同、甲方清单、图纸等信息按照客户工作面进行组织及管理，可以清晰地看到各个流水段的进度时间、钢筋工程量、构件工程量、质量安全、清单工程量、所需物资量、定额劳动力量等，帮助生产管理人员合理安排生产计划，提前规避工作面冲突。

2）进度模拟：项目利用 GBIMS 软件中的进度模拟功能，根据实际现场需要，选择施工过程中任一时间段进行施工模拟。对于施工进度的提前或延迟，软件会以不同颜色予以显示。辅助项目参建人员发现施工差距，进行纠偏调整。

3）进度跟踪：随着施工的进展，项目管理人员可直接在 BIM 平台中录入实际进度情况，可将实际进度与计划时间进度实时对比，对滞后工作提出预警提示，快速反映给项目管理人员采取措施，确保实体任务的按时完成。另外，施工现场阶段性采集的形象进度照片，可以在 BIM 平台上录入保存，方便领导随时查看现场的形象进度。

（5）医疗专项应用及成果展示

1）医疗设备运输模拟：天坛医院项目大型设备众多，运输困难，利用 BIM 技术完成设备运输模拟，直观判断运输路线的可行性，减少后期运输时的突发问题。

2）神经元表皮设计及吊装：专科门诊楼外侧设置了独特的具有遮阳效果的神经元构件，为了保证吊装及安装的正确性，现场 BIM 工程师将整个外轮廓吊装进行了整体及局部模拟，辅助现场部件的施工。

3）人性化细部处理：为了方便病患人员的行为，利用 BIM 技术将病患出入频繁位置进行建模，并利用 BIM 漫游情景模拟病患人员的行为模式，经过验算分析后在门诊检验处设立了专用卫生间，方便病患直接将门诊检验的样本通过卫生间的标本台、窗口直接传递至检验大厅，避免患者拿着样本来回走重复路线。

病房卫生间的斜角设计，通过 BIM 技术模拟人员的真实行为模式进行优化，以方便护士来回推床，同时可使护士在病房门处观察病人而不阻挡视线。在漫游中，体验到病房基本南向设置，大部分房间以自然采光、通风为主，使病人充分享受阳光，保证病人的就医环境，并节约电量消耗（图 4-14）。

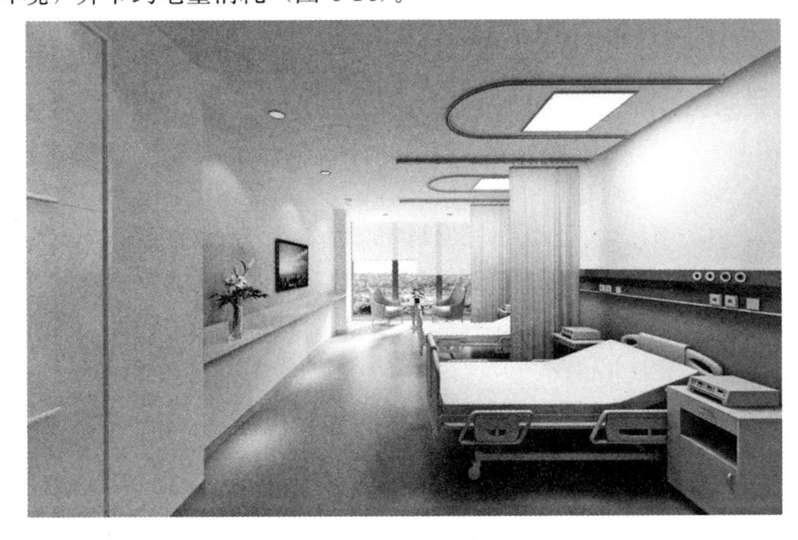

图 4-14　人性化细部处理

4.3.4 BIM 应用总结

1. 项目实际应用问题的应用效果总结

（1）在深化设计的应用阶段，施工前发现重大碰撞问题近 200 个，减少浪费两百多万元。

（2）根据项目需求及族库管理规则建立了土建、机电、医疗等专业族文件 500 多个，形成了后期类似项目可重复利用的宝贵文件，初步建立了项目级族库文档。

（3）荣获了 2015 年度中国建筑业协会 BIM 大赛一等奖；2015 年 buildingSMART 施工应用大奖；2015 年第四届“龙图杯”施工组一等奖。

2. BIM 应用方法总结

（1）天坛医院项目整个实施过程并不是一帆风顺的，在实施完整个项目后，梳理了一套可以为其他项目借鉴的规范、标准等数据，如表 4-8 所示。

BIM 应用方法总结表 **表 4-8**

序号	文档类型	文档价值
1	项目建设全过程 BIM 规划	项目 BIM 指导大纲
2	项目 BIM 执行计划书	BIM 技术实施方案架构、保证及步骤的落地措施
3	总包及各分包 BIM 建模实施细则	模型创建的规范文档及校验文档
4	项目 BIM 应用软、硬件采购的标准	基础设置的配置标准参考
5	施工组织设计等三维动态可视化实施细则	指导现场 BIM 模型展示方案
6	基于 BIM 的深化设计协调和沟通机制	沟通协调的规章制度
7	设计、施工和运维各阶段 BIM 模型创建实施细则	针对不同阶段的 BIM 模型创建要求
8	项目报奖指导书	全面指导项目参与 BIM 报奖的注意事项

（2）BIM 人才培养的总结：经过中建一局总承包对企业及项目人员的培养，集团掌握基础 BIM 技术能力者 100 余人，获取各类 BIM 证书者也已过半。针对天坛医院项目更是培养了一支优秀的“BIM 建模＋管理”团队，其中一人被输送到了一局总承包担任技术部经理，统管一局所有项目的 BIM 工作，两人被调往一局总承包其他项目担任 BIM 负责人。

对话项目负责人——高明杰

高明杰：国家一级注册建造师，曾任中建一局集团公司总承包公司质量总监，目前担任中建一局集团公司总承包公司总经理助理兼大项目总监和首都医科大学附属北京天坛医院迁建工程项目经理。长期在医院类项目从事施工管理工作。曾荣获“北京市优秀项目经理”、“北京市优秀建造师”等多项个人荣誉，所带领的团队曾荣获“北京市优秀项目经理部”、“中建一局集团品牌大项目部”等多项集体荣誉。

对医院工程 BIM 技术应用及基于 BIM 技术的项目总承包管理有较深入的研究，其担任项目经理的北京天坛医院迁建项目 BIM 成果荣获中国建筑业协会“首届中国建设工程 BIM 大赛卓越工程项目奖一等奖”、buildingSMART2015 香港国际 BIM 大赛“最佳 BIM 应用大奖”等诸多奖项。

1. 本项目是在什么情况下应用 BIM 技术的？又是如何开展 BIM 工作的？

在天坛医院施工全过程中应用 BIM 技术的目的有如下两点：首先是业主在招标文件中明确提出施工全过程使用 BIM 技术，辅助施工管理，为满足合同要求与业主检查验收及运行维护需求，公司决定在北京天坛医院组建 BIM 团队，并开展 BIM 应用。其次是在天坛医院开展 BIM 应用，可以为公司培养 BIM 专业人才，探索 BIM 技术在技术创效方面的应用。

通过建立 BIM 模型，并对建筑、结构（包括钢结构）、机电、消防等各模型进行深化设计，提前发现并解决存在的图纸问题，并且根据深化后的 BIM 模型进行施工图出图，根据深化后的施工图进行施工。在施工过程中，在深化后的模型基础上，进行施工材料算量，提高施工用料准确性，减少材料浪费。同时在 BIM 云平台上，进行 BIM 的进度管理，跟踪实体任务，对各实体任务如图纸深化、材料进场、方案报批等相关辅助工作进行支持。在质量、安全方面，通过云平台的三维模型对发现的质量安全问题进行定位并记录问题，实现质量安全过程管理的可视化、可追溯，达到统一管理、形象展示和实时监控的目的。

2. 您认为集团公司应如何与项目团队协作促进 BIM 技术在项目上的落地？

企业应该加强对项目 BIM 技术的宣贯、技术交流与人才培养。通过 BIM 宣讲让项目上的施工人员加强对 BIM 技术的认识，改变传统工作模式，让 BIM 技术真正与每个人的工作相融合，提升项目管理人员的个人技术能力。BIM 技术是建立在信息化的基础上的，所以 BIM 技术发展十分迅速，为了保持企业科技创新能力，企业需要不断对项目进行人才培训，提升专业技能。

企业采用 BIM 技术后，应该根据新的工作流程，重新梳理对项目上各相关岗位、管理层之间的职责进行梳理，形成新的分工。传统的工作模式已经不适用采用 BIM 技术后的工作方式，企业需要改变项目职能部门的机制，重新对各个部门、员工树立新要求。

企业应对 BIM 技术应用在项目上进行试点推广，并进行交流学习不断进行技术调整，并逐步扩大 BIM 技术在项目管理中的应用广度和深度。然后在试点项目应用 BIM 技术的基础上，总结经验并将其逐步推广至企业的其他项目，实现 BIM 技术在公司的规模化应用。

3. 在医院这样复杂的项目中，BIM 技术是如何规划应用的，取得了哪些效果？

在前期根据合同要求与项目实际情况，建立《天坛医院 BIM 执行计划书》，《天坛医院 BIM 执行计划书》中对项目 BIM 工作标准、BIM 执行方式方法、项目应用流程、落地措施等均做出了详细的规定，为后期 BIM 工作顺利开展奠定了良好的基础。具体的规划应用主要分为两方面：第一是通过 BIM 技术实现对项目上各主要专业进行深化设计，在《天坛医院 BIM 执行计划书》中规定深化设计流程与深化设计的深度，保障深化设计工作顺利开展。第二是通过 BIM 云平台实现项目上进度、商务、质量、安全等各专项管理，改变传统的工作方式，让建筑信息更加快速、流畅地在项目上各部门之间流转。

本项目 BIM 技术应用上带来了多方面的效果：在深化设计方面，提高了深化设计的质量和效率。根据深化后的施工图进行施工，提高施工质量，提高现场施工效率，减少返工浪费。在项目管理方面，提高项目各部门的协同合作能力，提高总承包管理水平，加强总包与分包之间的协作。在商务管理方面，提高项目商务管理的准确性与及时性，更好地进行成本控制。在质量安全方面，提高项目质量、安全的监管与控制能力，实现问题的实时追踪。

4. 本项目总结了哪些 BIM 实践经验，对中建一局的 BIM 发展起到了哪些作用？

首先，虽然 BIM 技术可以通过计算机信息化技术帮助技术人员解决一些繁杂的工作，简化一些日常工作，但是要发挥 BIM 技术在建筑领域全生命期的应用，达到这个目标和使用什么软件工具、采用什么平台是没有必然关系的，实现这个目标是和公司技术人员的经验和对技术层面的理解是不可分开的，参与 BIM 技术使用的技术人员经验与技术素质决定了使用 BIM 技术的深度与广度。纵使可以通过 BIM 技术优化施工管理与施工技术应用，但这些都要基于企业、项目、BIM 参与人员的技术积累。所以企业内部正在整合、总结公司内部的技术文档、数据等前期积累的技术数据。通过与 BIM 技术进行整合，让 BIM 技术真正地融入企业的内部生产链条中，通过实践然后固化下来，便于后期项目人员使用。

其次，企业内部应该实现全员 BIM 使用的目标。通过培训让企业内部把 BIM 理念贯彻下去，应该是通过 BIM 技术优化企业内部管理、技术的应用，而不是仅仅把 BIM 的应用归结于几个软件、平台的使用。目前国内很多软件厂商夸大宣传软件、平台的功能，以及其所能实现的诸如“智慧工地”“5D 管理”大而全的功能，实际使用的效果差强人意。虽然这些软件、平台中对于建筑信息化的应用走出了一些自己的道路，但是这造成了企业内部很多人员对于 BIM 软件的重视远多于 BIM 技术的重视。企业内部还是应该加强企业内部的培训，增强企业整体的 BIM 技术实力，能够结合项目特色，走出符合企业真实需求的 BIM 路线。

5. 您认为企业和外部 BIM 咨询方如何合作才能更有效地推进 BIM 落地应用？

首先，企业与外部 BIM 咨询方的关系应该是相互合作，共同推进整个行业的 BIM 技术进步。企业首先要根据企业内部的 BIM 技术发展规划，分析出哪些工作是由企业内部实现，哪些工作例如软件的定制开发、平台技术的整合等，企业需要寻求 BIM 咨询方的帮助。双方开展工作应该是基于共同技术进步，能实现双方技术积累进行的，而不是仅仅把外部 BIM 咨询方当成“救星”，追赶社会潮流，而不进行技术积累。比如目前很多企业都把外部 BIM 咨询方当成传统的建筑分包进行管理，只是把 BIM 工作甩给了 BIM 咨询方进行，自己企业内部完全不进行 BIM 技术应用和人才培养。

有了共同实现企业技术积累的目标，就有了合作的基础，只有在正确的合作方式下，才能共同推进 BIM 技术在项目上的落地，企业才能提出切实可行、可落地、可实施的目标，进而才能在 BIM 咨询方的帮助下，实现这些目标。

6. 请您从人才培养、工具选择、方法总结三方面给大家提些建议？

人才培养：企业对于员工的 BIM 技术培养是企业内部技术积累的一方面，要针对不同的员工，分层次、分系统的培训，同时要结合员工的发展方向，进行培养。例如，员工培训要分成是对一线技术参与人员的培训还是对项目决策层人员的培训，不同的角色人员培训的侧重也不尽相同。同时也要根据员工的个人意愿和专业能力综合考虑，进行专项定向培养，培养一批具有专业素质人才的技术专家，能够切实解决实际的技术问题。

工具选择：目前国内 BIM 软件可以用“百家争鸣”来形容，各个软件、平台层出不穷地涌现出来，企业对于这样的情况应该大胆进行调研、尝试，并对软件进行两方面的考虑：第一方面，是对例如 Revit、Tekla 等基础软件，要进行大量的采购与开展基于 BIM 技术的深化设计普及应用。另一方面，是对于集成平台要根据项目的实际需要酌情进行使用，切不可为了 BIM 而 BIM。

方法总结：目前 BIM 技术能迅速带来效益的应用就是基于 BIM 技术的深化设计和建筑系统运维两个方面。企业应加强这两方面的投入，争取快速产出效益。有了长期的效益支持，才能对 BIM 技术进行有深度和广度的研究，以及企业内部人才的培养和长期的技术积累。

4.4　北京未来科技城南区 A08 总部办公项目 BIM 应用案例

4.4.1　项目概况

1. 项目基本信息

北京未来科技城南区 A08 总部办公项目由中建二局第三建筑工程有限公司承建，并被确认为中建总公司观摩样板工程。该项目以办公为主，局部配套商业及餐饮空间，总建筑面积约 13.8 万 m^2。地下 3 层，地上 9 层，局部 10 层，为框架剪力墙结构（图 4-15）。

图 4-15　北京未来科技城南区 A08 总部办公效果图

2. 项目难点

（1）本项目施工工期紧，场地狭小、施工现场环境特殊，甲方不单独提供加工区，由承包单位自行考虑，对施工组织安排要求较高。

（2）专业分包较多、工作交叉面多，包括精装修工程、幕墙工程、建筑智能化工程、泛光照明工程、消防工程、小市政及其配套工程等多家专业分包，且各专业二次设计项目多，深化设计工作量大。

（3）机电系统复杂，管线密集，综合调试工作量大。

（4）钢构件加工难度大，测量控制要求精度高。

3. 应用目标

BIM 技术辅助项目管理，以精确算量和深化设计为两大核心应用点，本项目 BIM 技术应用目标为：

（1）方案优化深化：设备吊装运输、高大模板、深基坑等专项施工方案 BIM 深化。

（2）工程量对比分析：利用 BIM 模型数据进行工程量计提，对比分析。

（3）样板引入：创建各专业标准化施工样板，结合二维码技术辅助施工交底。

（4）机房预制装配：选取重点机房进行精细化建模，预制装配式安装。

（5）BIM＋的应用：探索 BIM＋VR；BIM＋3D 打印；BIM＋二维码等方面的应用。

4.4.2 BIM 应用方案

1. BIM 应用内容

结合本公司 BIM 发展战略及项目特点，在精细化建模的基础上本工程主要从以下七个方面应用 BIM 技术：

（1）精确算量：使项目成本管控以数据为支撑。

（2）节点深化：使现场施工满足相关标准与规范图集的要求。

（3）场地布置：利用现有场地，克服场地狭小的缺陷，并保证现场运输道路畅通。

（4）机电管线综合：通过碰撞检测优化管线排布，减少在施工阶段可能存在的错误损失和返工的可能性，加快施工进度，降低施工成本。

（5）方案优化：选择最优的施工方案。

（6）BIM5D 项目管理：集成全专业模型，为项目部各部门工作提供数据支持。

（7）BIM＋新技术的探索。

2. BIM 应用策划

（1）软件配置

BIM 软件配置如表 4-9 所示。

BIM 软件配置 **表 4-9**

软件类型	软件名称	保存版本
BIM 深化设计及建模软件	Autodesk Revit	2016
	Tekla	2016
	MagiCAD	2016
	SketchUp	2016
	3Dmax	2016
	广联达 BIM 模板脚手架设计软件	—
	广联达 BIM 施工现场布置软件	—

续表

软件类型	软件名称	保存版本
二维绘图软件	AutoCAD	2016
模型整合、协调、模拟软件	Navisworks Manage	2016
动画制作软件	Lumion6.0、AE、Pr	—
过程管理软件	广联达 BIM5D	—

（2）组织架构与分工

为确保项目 BIM 技术的落地实施，完成 BIM 应用目标，项目建立了由公司总部总控的 BIM 团队，项目经理为总负责人、项目总工为执行负责人，由技术部、工程部、商务部等部门共同参与实施的 BIM 工作小组。由公司总部总控 BIM 团队搭建模型和 BIM5D 管理平台，项目部应用基于 BIM 的数据进行现场管理。

（3）应用顺序

1）在 BIM 实施前期，结合项目应用目标及应用点的选择，按照公司《BIM 建模标准导则》及《BIM 实施指南》编制本项目的《BIM 模型细度标准》及 BIM 实施方案。

2）为确保模型的一致性，便于后期的模型应用，根据施工图纸，制定本项目的项目样板，提高模型搭建效率，减少后期的修改。

3）结合设计规范、施工规范及施工经验，在模型搭建前，制定机电专业深化设计原则及支吊架排布原则，确保经 BIM 深化后的机电排布可以落地实施应用。

4）组织相关人员参加广联达 BIM5D 培训，建模人员须按照 BIM5D 与 Revit 模型交互建模规范搭建模型，以保证模型导入 BIM5D 的可行性。

5）搭建结构、建筑、机电等各专业模型。

6）将各专业模型导入 BIM5D 管理平台，划分流水段并关联施工进度计划等相关数据后，由项目相关人员使用模型数据。

7）为了便于文件管理，预先制定云端文件管理标准，对文件夹分类、文件版本及名称进行约束，所有文件均上传至云盘，确保全过程文件留存，对终版文件进行单独保存。

4.4.3　BIM 实施过程

1.BIM 应用准备

（1）相关制度及文件的收集与整理：公司 BIM 应用标准和指南，是在示范试点工程 BIM 应用实践和应用经验总结的基础上，由公司 BIM 骨干编写的一套适合公司自身特点的制度文件，对项目应用 BIM 有贴切的指导性（图 4-16）。

（2）土建及机电专业 BIM 模型搭建流程：模型搭建前，BIM 中心与项目部共同协商本项目 BIM 应用点。根据应用点的选择确定 BIM 模型的精细程度，将 BIM 模型精细度标准对所有参与搭建模型的人员进行交底，建模标准交底是模型搭建流程关键的一步，详尽的交底能够提高工作效率，降低模型搭建的返修率，并提高模型在 BIM 应用

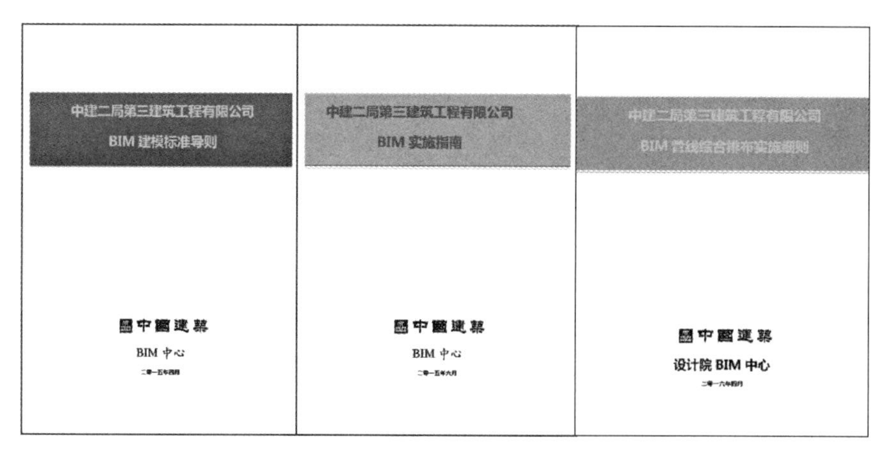

图 4-16　BIM 实施应用标准

中的准确率。模型搭建完成后由 BIM 经理对模型正确性及精细度进行审核，再经调整进入模型应用阶段（图 4-17）。

图 4-17　BIM 模型搭建流程

（3）Revit、MagiCAD、Lumion 等相关软件通过网络视频课程线上培训。广联达场布、广联达模板脚手架、广联达 BIM5D 等应用软件公司每年集中两次面授培训，并在项目实施阶段组织项目部相关人员有针对性地学习广联达 BIM5D 管理平台。

2. BIM 应用过程

（1）精确算量：通过建立 BIM 专业模型，分专业对工程量进行统计。以模型为载体，按照施工段进行工程量统计，辅助现场提料，提高项目精细化管理水平。

在施工现场，依据模型可以分施工流水段、分构件的提取材料用量，加强现场限额领料的管理，减少浪费；与分包进行工程量核对时，依据模型可以按混凝土强度等级、构件类别、楼层进行工程量统计，确保核算出来的量为施工所需的最低用量；与甲方进行工程量核对时，可以避免依据传统经验“拍脑袋”式的确定方法，真正做到以数据为支撑，使得项目成本管控有据可依，工程款索取有理有据。

此项应用点工作要求：

1）工程量统计必须在综合深化设计模型的基础上进行。

2）与项目沟通，确定需要统计的信息内容，在模型中添加相应的字段和信息。

3）培训商务部相关人员，使之学会如何利用模型提取统计表和信息。

4）由商务部进行相关信息提取，并进行算量对比。

5）精确算量，梁柱节点、圈梁与门窗过梁等详细节点均应在模型中体现。

（2）节点深化：对于本项目局部的重点区域要进行单独深化设计，这些局部区域包括机房（制冷机房、水泵房、锅炉房、发电机房、空调机房等）、集中设备层、屋面设备、管井、电井、楼梯间、屋面排砖、女儿墙底部与屋面设备基础防水收头、高支模、工序样板等。根据施工方案和综合管线布置原则，进行深化设计，使现场施工满足相关标准与规范图集的要求（图 4-18）。

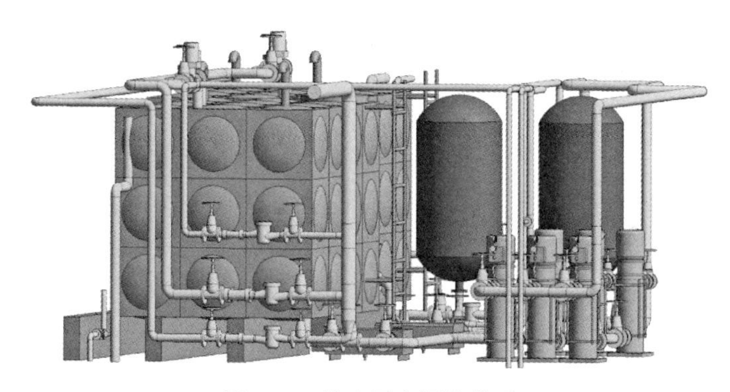

图 4-18　给水泵房深化模型

此项应用点工作要求：

1）重点区域单独建模，模型链接后应与整体模型契合。

2）对于机房等区域要充分考虑设备位置及尺寸，使排布满足设备调试、检测、维修的要求。

3）充分考虑阀门等管道附件的安装位置和距离，避免软碰撞。

4）管线和设备要排布整齐、合理、美观，大管径区域要尽量减少管线翻绕。

5）合理设置屋面分隔缝，优化排砖方案，使得屋面整齐美观。

（3）场地布置：本工程场地狭小，为了满足现场材料堆放及加工的需求，项目部采用将办公区与施工现场分开布置的方式。应用 BIM 技术进行三维场地布置及规划，可以直观地反映施工现场周边环境情况，便于对场地进行合理的布置，保证现场运输道路畅通，更好地利用现有场地，克服场地狭小的缺陷（图 4-19）。

此项应用点工作要求：

1）为满足现场施工平面布置模拟的便捷，前期需完善常用的施工设备及施工现场临时设施模型库。

2）场地布置要详细准确，建立不同施工阶段的施工现场模型，模型应包括：土建

图4-19　场地平面布置

结构、钢结构、施工道路、周围主要建筑外轮廓模型等。

3）最终要优化塔吊布置方案，解决塔吊与周围高压线等构筑物碰撞问题，论证方案可行性，确定最优平面布置方案。

（4）机电管线综合：本项目机电系统复杂，管线密集，因此利用BIM技术三维可视化的特点在施工前期、中期可以对BIM模型进行碰撞检测以及查漏补缺工作。检查机电管线之间、管线与建筑结构之间的碰撞点，将检查出的问题形成碰撞检查报告，然后根据碰撞检查的流程进行审核，审核通过后依据综合管道布置原则进行模型修改。这样既可以优化项目设计，减少在建筑施工阶段可能存在的错误损失和返工的可能性，又加快了施工进度，减低施工成本。

此项应用点工作要求：

1）基于综合模型进行碰撞检查。

2）应明确相关技术规范，方可进行碰撞检查。

3）对碰撞检查结果及时协调并进行管线调整。

4）机电管线的调整按照管道综合原则进行。

（5）方案优化：根据公司下发的《后浇带施工专项管理办法》中的要求，对后浇带支模施工方案进行优化。利用BIM技术搭建"单独搭设""木枋平行、钢管垂直于后浇带搭设""木枋垂直、钢管平行于后浇带搭设"三种不同的后浇带支模方式，分别从安全、成型质量、经济方面进行对比分析，选择最优的施工方案。对比分析过程中发现：方案一与方案三不会产生短钢管及木枋，方案一用料较多，后浇带封闭时需要二次模板支撑，方案三后浇带中部木枋悬空，成型质量欠佳，采用梁底开洞留设清扫口，不易清扫。方案二虽然会产生部分短钢管，但后浇带处模板可以整体升降，便于清扫。经过综合考虑后决定采用方案二。

（6）基于BIM5D管理平台的现场管理：本工程以模型为辅，应用为主的观念，采用广联达BIM5D管理平台，集成全专业模型，并以集成模型为载体，关联施工过程中的进度、合同、成本、质量、安全、图纸、物料等信息，为项目提供数据支撑，实现有效决策和精细管理，从而达到减少施工变更，缩短工期、控制成本、提升质量的目的。

1）砌体排砖：在广联达BIM5D中，通过调整灰缝间距和砌块尺寸等参数，可以将墙体中反坎、斜压顶、构造柱等构件精确布置，导出准确的砌块用量，有针对性地进行材料堆场。与传统方式的现场提量相比，不但可以节约材料约10%，还可以减少二次搬运和施工垃圾，达到降本增效、文明绿色施工的目的（图4-20）。

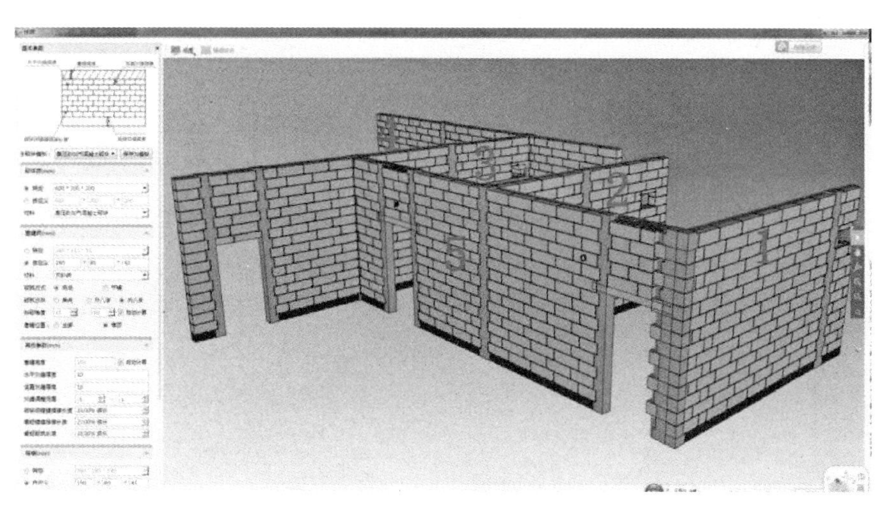

图4-20　BIM5D排砖图

2）进度管控：利用广联达BIM5D管理平台将各专业模型进行整合，对整合后的模型进行流水段划分，通过将流水段与施工进度计划进行关联来达到模拟现场施工的目的。BIM5D进度施工模型包含了各种构件的材料信息和资源信息，施工前进行可视化施工模拟，对施工的组织和安排、材料的供应关系以及资金供应等提前进行沟通和协商。在施工模拟阶段，自动根据资源和工期要求，合理分析进度计划的准确性并进行进度优化（图4-21）。

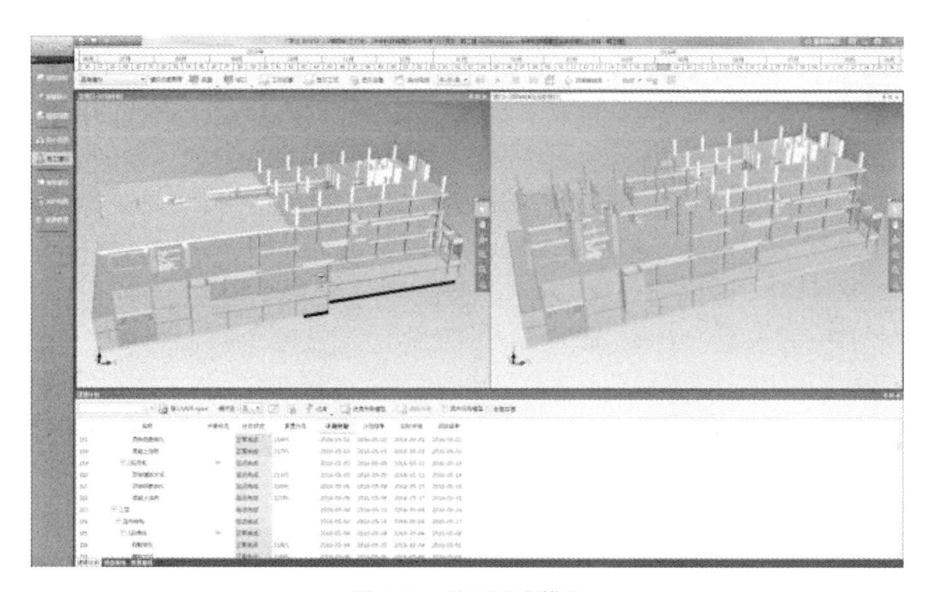

图4-21　施工进度模拟

3）质量安全管理：通过广联达BIM5D管理平台手机端“BIM5D”APP辅助现场质量安全管理，严格落实中建系统要求现场管理中的“过程管理，管理留痕”。现场管理人员发现问题后，拍照上传至平台，推送给责任人，责任人整改完成后，将整改完成的部位重新拍照上传，推送给发起人进行验收，合格后即可关闭问题，形成闭环。

通过手机端与网页端的联动，直接从BIM5D管理平台网页端中提取信息，生成质量和安全周报，对于集中频发的质量或安全问题，召开具有针对性的专题会议，制定整改预防措施（图4-22）。

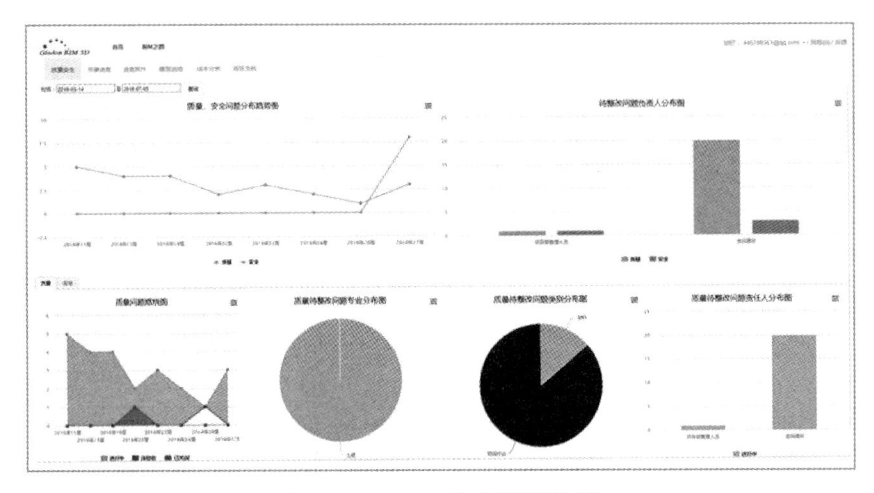

图4-22　BIM5D网页端问题汇总

（7）BIM+的探索应用：为了配合公司BIM技术推广应用的整体战略规划，本项目在BIM+二维码、BIM+3D打印、BIM+VR等领域进行了探索应用，积累了一定的应用方法。

1）BIM+二维码：通过二维码技术，将现场施工与模型结合起来，在现场将BIM模型与施工作业结果进行比对验证，可以及时有效地避免错误的发生。这种方式相比传统的文档记录，更加直观易懂，可以更好地促进质量问题协调工作的开展。同时，将BIM技术与现代化新技术相结合，可以进一步优化质量检查和安全管理的控制手段。

2）BIM+3D打印：通过3D打印技术，将BIM模型按照一定比例打印出来，采用“搭积木”的方式进行机电安装交底，更加直观易懂。

3）BIM+VR：VR即虚拟现实技术，它是一种先进的数字化人机接口技术，其特点在于计算机产生一种人为虚拟的环境，生成一个以视觉感受为主，包括听觉、触觉的综合感知人工环境。身临其境的感觉高空跌落、火灾、触电等危害。将Revit模型导入到Fuzor中，连接VR设备，虚拟体验机电完成后的净高、施工安全体验等。

4.4.4　BIM应用总结

1.项目实际应用问题的应用效果总结

（1）利用BIM技术对机电管线进行综合布线，提前发现碰撞点并及时解决，减少返工，节约了成本。以 3 号楼为例进行分析，节约了工期 37 天，节约费用约 36 万元，见表 4-10。

北京未来科技城项目 BIM 技术应用效益分析（以 3 号楼为例）　　表 4-10

序号	楼号	问题类型	碰撞数量	材料节约	人工节约	工期节约
1	3 号	机电管线与砌体结构	276	约 0.55 万	约 1.8 万	约 5 天
2	3 号	机电管线与混凝土结构	36	约 2.6 万	约 0.85 万	约 3 天
3	3 号	风管与风管	32	约 2.5 万	约 1.2 万	约 4 天
4	3 号	风管与水管	256	约 4.1 万	约 2.1 万	约 6 天
5	3 号	风管与桥架	44	约 3.7 万	约 1.7 万	约 5 天
6	3 号	水管与水管	432	约 5.5 万	约 2.3 万	约 7 天
7	3 号	水管与桥架	242	约 3.4 万	约 1.3 万	约 4 天
8	3 号	桥架与桥架	38	约 1.6 万	约 0.85 万	约 3 天
9	3 号	合计	1356	约 23.95 万	约 12.1 万	约 37 天

（2）利用 BIM 技术进行二次结构排砖及预留洞口，并对所用砌块数进行快速统计，有针对性地进行材料堆放，减少了二次搬运节省工时，降本增效。减少施工现场垃圾，实现文明绿色施工。

（3）利用 BIM 技术对后浇带专项施工方案进行优化，不但提高了后浇带的成型质量，而且使项目避免了在后浇带专项治理中受到处罚。

（4）利用 BIM5D 管理平台中的三端一云，将传统粗放式的项目管理转变为基于 BIM 技术的精细化管理，提高了工作效率，不但使得管理留痕，避免了扯皮，而且通过信息传递，有效避免了“拍脑袋”式的决策，使得决策有理有据。

2. BIM 应用方法总结

（1）通过本工程 BIM 技术的落地实施应用，总结形成了一套较为完善的 BIM 技术落地实施路线：编写 BIM 实施策划、选择 BIM 应用点、根据应用内容确定 BIM 模型细度标准、编制 BIM 技术落地实施专项方案并报公司审批、BIM 模型搭建、模型应用、总结反馈。

（2）根据本工程的 BIM 应用实施经验，完善了公司 BIM 管理制度，包括但不限于：BIM 技术人才培养即梯队搭建管理办法、企业级 BIM 应用标准建设、BIM5D 试点管理办法、BIM 考核办法等。

（3）BIM 人才培养总结：本工程 BIM 技术的应用实施，达到了预定的应用目标，为公司培养了一批 BIM 应用骨干人员，见表 4-11。

BIM 应用骨干人员　　表 4-11

类别	梯队	培养人员数量
模型搭建人员	一级	5
	二级	15

续表

类别	梯队	培养人员数量
深化设计人员	一级	5
	二级	10
模型应用人员	一级	10
	二级	30

对话项目负责人——魏昌智

魏昌智：历任中建二局设计院设计工程师、专业负责人、设备室主任，中建二局三公司机电专业主管，技术中心设计组组长；现任中建二局三公司设计院院长、总承包交钥匙设计经理。主持或参与过长春机械城会展中心、卡塔尔多哈外交部大楼、菜鸟嘉兴物流中心等多个写字楼、医院、酒店、大商业、办公、住宅等各类建筑设计工作。

1.您认为BIM技术在本项目中的应用重点是哪些方面？

本工程虽然体量不大，但机电系统复杂，包含变配电系统、照明系统、新风系统、送排风系统、防排烟系统、生活给水系统、排水系统、热水系统、雨水系统、消火栓给水系统、自动喷淋系统等，深化设计工作量大，利用BIM技术三维可视化的特点在施工前解决各专业之间以及机电各系统之间的碰撞，根据深化设计流程进行审核与优化，减少施工阶段的返工，节约项目成本，故本项目将机电各系统的综合管线排布作为BIM应用重点之一。

如何避免材料浪费是施工管理过程中的一大难点，也是制约项目利润的重要影响因素。归根结底是因为项目对施工过程中的材料用量没有准确的预判，为了保证现场施工，只能是一次次分批进材料，造成了不可避免的材料浪费。利用BIM技术，可以加强对限额领料工作的管理，提高项目的盈利水平，将项目由粗放型的项目管理模式向精细化管理模式进行转变，故本项目将精确算量作为BIM应用重点之一。

作为公司第一批BIM5D试点项目，同时也是双标杆项目，项目部不但要做到BIM技术在本项目的实施落地，达到预定的应用目标，还承担着为公司输送BIM专业技术人才的重担，故本项目将人才培养作为BIM应用的重点之一。

总的来说，在BIM应用中，机电管综、精确算量与人才培养是本项目的应用重点。除此之外，为了将BIM技术的价值尽可能最大化，为今后公司其他项目的BIM应用积累经验，结合项目特点，在方案优化及三维可视化交底、施工现场场地布置、样板引路、二次结构排砖等方面也进行了BIM应用的探索。

2.项目对BIM技术应用是如何规划的，为项目带来了哪些价值？

BIM技术创收创效不仅仅体现于项目，公司层面也收获颇丰。未来科技城项目于2015年开工建设，当时整个BIM行业技术发展势头很好，但是在项目层级BIM施工管理应用都相对浅薄。在当时BIM技术发展的整体环境下，公司决定每个分公司选取一个项目探索 BIM 技术与施工管理的结合，未来科技城作为局 2.0 标杆项目以及局年中会承办地有幸被选中。虽然项目造型规则，但专业齐全，分包众多，工期相对合理，业主方及设计方非常重视并认可 BIM 技术，具备 BIM 实施的完备条件。

项目层面价值可分为三个部分，即技术板块的沟通顺畅、商务板块有据可依、工程板块有理有据。技术沟通顺畅可分为两个通道，一是对分包技术交底，较于传统模式 BIM 机电深化设计后形成大量剖面图及预留预埋图纸，班组交底更加清晰。加上三维可视化，各专业分包原先只关注于自己施工范围内单个系统的问题也得到了有效改善。一些工程做法、工艺模拟通过 BIM 技术表达清楚，提高了施工质量。二是同业主、设计、监理各方协同更加便捷，以模型为基础去说事更加简洁明了，每周都会组织 BIM 例会，针对图纸问题、现场施工问题进行汇总，以模型为基础来沟通交流。

商务板块应用主要在于成本控制，在项目初期，BIM 团队基本已经将建筑、结构、机电、幕墙等专业模型搭建完毕，各专业总工程量大致有了比较准确的实量，对项目制定招采计划起到了很大作用。过程中混凝土计提及机电工程量提取均按照模型工程量进行控制，解决了现场工程师大量的工作，对分包也有了约束，材料进场严格按照 BIM 工程量限制执行。

工程板块提高了施工质量，实现了文明施工、缩短工期。项目的 BIM 实施以 5D 平台作为项目层级 BIM 管理平台，将分包管理人员也纳入进来。质量安全问题的录入，既减少了现场管理人员重复工作，又使项目质量安全会议召开的有针对性并有理有据。排砖部分在现场应用的比较成熟，减少了碎砖和垃圾，很好地改善了现场的施工环境。通过 BIM 场地平面布置及生活、办公区的多次研讨与调整，现场场区及工人生活区更加人性化。BIM 技术中重要价值，问题前置，无论是机电安装还是土建施工，减少了大量不必要的拆改，BIM 应用有效地解决了图纸粗糙带来的问题。

通过项目 BIM 技术的深度落地应用，取得了业主、设计各方的认可与好评。项目自身也贯通了 BIM 技术与项目管理的结合，无论是技术、商务、工程都实现了可量化的价值。公司层面收获了丰富的 BIM 实践经验和教训，同时培养了一大批实干型 BIM 人才。同时成功举办了十几次外部观摩交流活动，扩大了三公司在行业内的影响，也将项目的成果推送到整个行业进行探讨交流。此外，本项目还获得了中建协 BIM 大赛一等奖，加快了公司 BIM 技术的发展。

3.北京未来科技城项目的 BIM 应用过程遇到了哪些阻力?

BIM 技术推动施工精细化管理这条路，随着建筑行业的发展、各岗位专业技术人才的补充等各方面条件完善后一定是康庄大道。随着技术革新、技术更迭，建筑行业各参与方会有危机感，各岗位人员会有危机感。BIM 不会直接替代相关岗位人员，造价人员还是会做造价的工作，技术岗位人员还是做技术岗位的工作，但是方式方法会有很大的变化。BIM 技术的普及对各岗位人员技能的要求更高，不是只懂 BIM 技术就行，而是需要用 BIM 技术去解决问题，转换固有的解题思路。同样，未来科技城项目在 BIM 实践路上也遇到了一些问题。

从人员方面来说，一是 BIM 专业技术人才短缺，原有公司 BIM 中心人员只有三人，完全无法支撑本项目 BIM 落地应用，公司第一个试点项目，从各分公司抽调 BIM 人才组成了 8 人的 BIM 团队，全程服务于本项目。同样给公司 BIM 发展也带来很大变化，这个项目 BIM 团队就是后来公司 BIM 中心的雏形。二是管理人员、分包人员、业主等没有接触过 BIM 技术，在项目前期由公司 BIM 中心、广联达组织了多次 BIM 技术宣贯会和培训会。因为涉及后期项目 BIM 技术应用有一些老一辈管理人员智能手机操作不熟练问题，只能更换人员。

从整个 BIM 环境来说，很多人对 BIM 技术的认知存在偏差。虽然做了大量的基础培训，但是还是存在有认可过度的，有认可度过低的。有人认为 BIM 技术可以解决所有问题，最后给出的工程量可以保证丝毫不差，现场直接安装就可以。这些观点都没有考虑实际情况，做事情要实事求是。任何工作方式都有不可避免的误差，BIM 排布解决不了所有问题，因为 BIM 人才不是水暖电、造价、安全等等所有专业的复合型人才，也许只是某个专业出身通过大量的项目实践了解了很多专业的情况，但是不会是全才，全才又不会做 BIM。所有原有的管理人员该做什么还是做什么，BIM 应用只能解决一些问题，但不是替代原有工种。

4. 根据您丰富的项目管理经验，您认为项目引入 BIM 能为管理带来哪些好处？

未引入 BIM 技术之前，建设工程项目管理一直是处于粗放型的管理模式下，造成了大量的材料浪费与机械的闲置，使得项目成本很高。在项目管理中引入 BIM 技术后，显著提高了项目精细化管理的水平，具体表现为以下几个方面：

方案优化及交底方面，利用 BIM 技术可视化的特点进行施工方案的优化，对各施工方案所需的材料工程量、工期等进行技术经济分析，在保证安全与工期的前提下，选择最经济的施工方法。施工方案确定后，对于复杂节点部位进行三维放样，各工序施工要点及工艺做法采用三维模型及动画模拟演示的方式，对施工一线班组进行交底，直观展示重要工序、质量要点，便于施工班组的理解，确保交底内容不流于形式。

质量安全管理方面，利用手机端“BIM5D”APP 辅助现场质量安全管理，严格落实三公司要求现场管理中的“过程管理，管理留痕”。现场管理人员发现问题后，拍照上传至平台，推送给责任人，责任人整改完成后，将整改完成的部位重新拍照上传，推送给发起人进行验收，合格后即可关闭问题，形成闭环。在网页端对项目管理过程中出现的问题进行一键分类整理，对于问题多发的类型召开专题例会，制定预防及整改措施，加强项目对质量安全的管控。

物资管理方面，如何避免材料浪费是传统项目管理过程中的一大难点，主要是项目对施工现场材料用量的判断没有准确的数据支撑。利用 BIM 技术可以很方便地对材料工程量进行提取，解决了传统项目管理中的一大痛点。引入 BIM 技术后，我们对项目的限额领料流程进行了优化，增设了 BIM 对工程量的把控，真正做到了多算对比，大大降低了材料的浪费。

进度及成本管理方面，将施工进度计划和清单分别与 BIM 模型进行挂接，分析各阶段的资源投入及资金投入，重点关注资源及资金曲线中的波峰与波谷，分析是否因施工部署不合理造成了短时间内出现大量劳动力或者资金投入的情况。对于施工过程中出现的局部滞后现象，通过计划进度与实际进度进行反复的施工推演，分析是否会对总工期造成影响，根据推演结果进行有针对性的施工部署，确保各里程碑计划的顺利完成。

总的来说，与传统的管理模式相比，BIM 技术为建筑行业带来了最真实的数据支撑，使得项目决策更加有理有据，提高了项目精细化管理的水平。

4.5　咸阳奥体中心项目 BIM 应用案例

4.5.1　项目概况

1. 项目基本信息

咸阳奥体中心项目由陕西建工第五建设集团有限公司承建，工程位于大西安（咸阳）文体功能区，属陕西省重点建设项目。该项目占地 350 亩，总建筑面积 71646m^2，由主场馆、田径运动训练场、观光塔，和其他体育运动设施组成；主场馆地上共 4 层，可容纳 4 万观众同时观看比赛，结构形式为桩承台基础、框架剪力墙结构和平面管桁架罩棚（图 4-23）。

图 4-23　咸阳奥体中心整体效果图

2. 项目难点

（1）本工程体育场馆为椭圆形结构，轴线多为弧形轴线。导致轴网计算复杂，看台、钢结构、幕墙需进行三维空间定位，对施工放线提出了更高的要求。

（2）罩棚钢结构为复杂空间管桁架壳体结构，体量大，施工精度要求高；构件种类多，且均具有不可替代性；项目对钢结构拼装、块体组装的尺寸定位控制以及高空吊装过程中的三维空间定位要求高。

（3）罩棚曲面角锥幕墙附着于钢结构上，外立面由 408 个尺寸各异的四棱锥体组成异形开放式、倒圆台状罩棚幕墙，幕墙板块下料、空间安装定位及吊装难度大。

3. 应用目标

BIM 技术辅助项目管理，以方案优化和深化设计为两大应用核心，最终实现缩短工期的目的，本项目 BIM 技术应用目标为：

（1）方案优化深化：钢结构吊装、罩棚幕墙施工等专项施工方案进行 BIM 深化。

（2）节点优化：利用 BIM 技术进行钢构、幕墙、装修等设计节点优化，为工程创优提供技术支撑。

（3）预制加工：根据深化图纸，制定材料需求表，进行各专业构件预制加工。

（4）空间测量定位：利用 BIM 放线机器人有效解决各专业测量定位难的问题。

（5）平台应用：利用平台进行质量、安全、进度等方面的管理应用，实现多专业协同管理机制，使管理精细化程度更高。

4.5.2 BIM 应用方案

1. BIM 应用内容

针对以上项目难点和 BIM 应用目标，本工程主要进行了以下 9 个方面的 BIM 技术应用：

（1）检测碰撞：提高深化设计效率。

（2）机电管线综合：通过碰撞检测优化管线排布，减少在施工阶段可能存在的错误损失和返工的可能性，加快施工进度，降低施工成本。

（3）节点优化：使现场施工满足相关标准与规范图集的要求。

（4）3D 漫游：解决各专业间的信息孤岛问题。

（5）方案研讨优化：选择最优的施工方案。

（6）预制加工：提高加工精度和施工效率。

（7）空间测量定位：提高放线效率和精度。

（8）BIM 平台应用：提高信息沟通效率，通过多专业协同实现对项目的精细化管理。

（9）钢结构、幕墙 BIM 技术一体化应用：提高安全管控能力，节约工期。

2. BIM 应用策划

（1）软件配置

BIM 软件配置见表 4-12。

BIM 软件配置 **表 4-12**

软件名称	功能用途	备注
Autodesk Revit2014	土建、机电全专业设计建模	主要软件
Tekla 19.0	钢结构建模	主要软件
CATIA P3 V5R21	幕墙建模	主要软件
Rhinoceros 5	设计模型浏览	主要软件
Navisworks Manage2014	数据集成，模型空间碰撞检查	主要软件
Synchro Project2013	进度模拟，4D 进度管理	主要软件
SketchUp2015	装饰节点优化	主要软件
Fuzor 3DMax Lumion6.0	协同漫游、动漫渲染	主要软件
MIDAS ANSYS15.0	结构受力分析	主要软件

（2）组织架构与分工

为确保项目 BIM 技术的落地实施，完成 BIM 应用目标，项目建立了一个由公司技术中心 BIM 团队、项目经理为总负责人、项目总工为执行负责人，由技术部、生产部、商务部等部门共同参与实施的 BIM 工作小组。由公司技术中心 BIM 团队搭建管理平台，项目部进行模型创建及基于 BIM 的数据进行现场管理。

（3）应用顺序

1）在 BIM 实施前期，结合项目应用目标及应用点的选择，按照集团公司《BIM 建模标准导则》及《BIM 实施指南》编制本项目的《BIM 实施方案》。

2）为确保模型的一致性，便于后期的模型应用，根据施工图纸，制定本项目的项目样板，提高模型搭建效率，减少后期的修改。

3）结合设计规范、施工规范及施工经验，在模型搭建前，制定机电专业深化设计原则及支吊架排布原则，确保经 BIM 深化后的机电排布可以落地实施应用。

4）组织相关人员参加相关 BIM 软件培训，建模人员须按照模型交互建模规范搭建模型，以保证模型导入平台的可行性。

5）搭建结构、建筑、机电等各专业模型。

6）为了便于文件管理，预先制定云端文件管理标准，对文件夹分类、文件版本及名称进行约束，所有文件均上传至云盘，确保全过程文件留存，对终版文件进行单独保存。

4.5.3 BIM 实施过程

1. BIM 应用准备

（1）相关制度及文件的收集与整理：项目前期，BIM 工作组收集现有规范及标准，如《建筑工程施工 BIM 应用指南》《BIM 机电（MEP）企业标准》《EBIM—现场 BIM 数据协同管理平台》等作为项目 BIM 实施的指导性文件（图 4-24）。

图 4-24　BIM 实施应用标准

（2）各专业 BIM 模型搭建流程：项目部 BIM 工作组组织各分包单位分阶段、有计划的创建各专业信息模型。在模型创建过程中，积累和创建参数化构件 56 种，并上传至企业级管理平台，丰富了公司 BIM 资源库。

（3）Revit、Tekla、CATIA、Synchro 等相关软件通过网络视频课程线上培训。在项目实施阶段组织项目部相关人员有针对性的学习 EBIM 管理平台。

2. BIM 应用过程

（1）检测碰撞：利用 Navisworks，对各专业模型整合，进行分层次的碰撞检查，导出碰撞报告并对碰撞进行分析和消除碰撞处理，有效地解决各专业之间“打架”的问题。

（2）机电管线综合：对机电管线进行综合排布，实现预留孔洞和支架预埋的精确定位（图 4-25、图 4-26）。

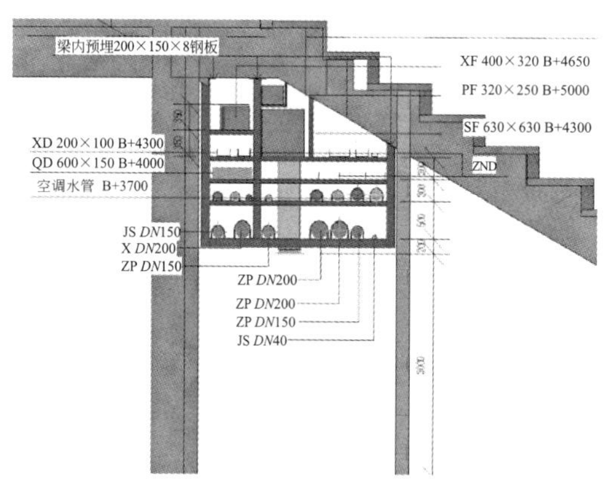

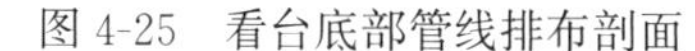
图 4-25　看台底部管线排布剖面

图 4-26　支架预埋实景

（3）节点优化：对看台混凝土柱、装饰栏杆等多个部位进行节点深化，并对填充墙圈梁、构造柱进行优化排布。利用 Revit 对弧形走廊管线密集区域进行多次建模分析，确定出最佳施工方案；利用 Tekla 对罩棚管桁架复杂连接节点进行优化设计。

（4）3D 漫游：参建各方利用 Fuzor 对模型进行漫游审查，对漫游过程中发现的问题实时标注并共享信息，解决了各专业间的信息孤岛问题。

（5）方案研讨优化：利用企业标准化族库进行场区临建布置，确定最优方案。通过各阶段的三维场布，减少临时设施的盲目周转；参建各方通过建立施工措施模型，对各专业复杂施工方案进行了模拟论证，提高各项方案的可行性。

（6）预制加工：利用各专业软件的自动提量功能，将建模深化后的看台台阶、钢构构件、圆弧管材、幕墙板块等进行工厂化预制加工，有效提高了加工精度与生产效率。

（7）空间测量定位：利用测量机器人将 BIM 模型数据与测量仪器结合，对圆弧看台、罩棚钢结构、幕墙等部位进行空间测量定位，提高放线效率和精度（图 4-27）。

（8）4D 施工模拟：本项目采用 Synchro 软件进行钢结构吊装模拟，有效地帮助项目管理者合理安排施工进度，并且根据进度要求优化人、材、机等各种资源，减少窝工

图 4-27　测量机器人应用

的情况（图 4-28）。

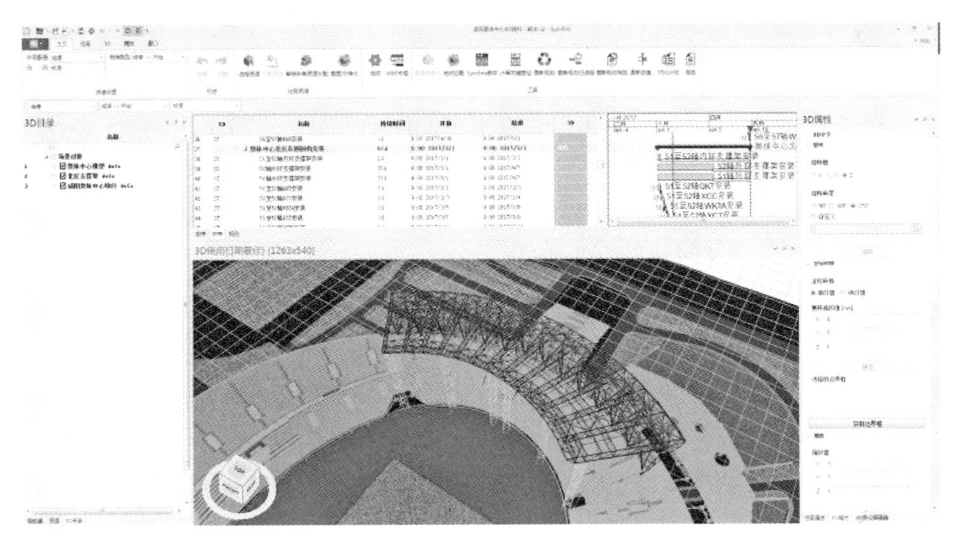

图 4-28　钢结构 4D 施工模拟

（9）云平台协同管理：将模型上传至 BIM 应用平台，参建各方依据各自权限随时查询、填报、挂接各类信息，创建安全、质量等各类信息话题，共享模型视角，实现各专业模型的协同与轻量化应用，有效提高管理成效。

（10）钢结构 BIM 技术一体化应用

根据深化的 Tekla 模型信息对构件进行工厂化数字加工，精确控制杆件长度及相贯线切割精度，并利用 BIM 平台的物料追踪功能时刻监控构件的信息状态。在构件拼装过程中，利用 Tekla 提取相应块体进行模拟拼装，根据模型中的坐标信息在地面 1∶1 放样，制作定位胎架拼装块体，并在块体测量控制点上布置反光贴，用于施工吊装精确定位。在吊装过程中，由于块体均为异形结构，在 Tekla 中对其重心进行精确查找，计算吊装各索具长度，使块体在吊装过程中的位形与设计状态相符，方便块体吊装的一次性就位。钢结构 BIM 技术一体化应用有效提高吊装效率，减小施工误差，节约工期 10

余天（图 4-29）。

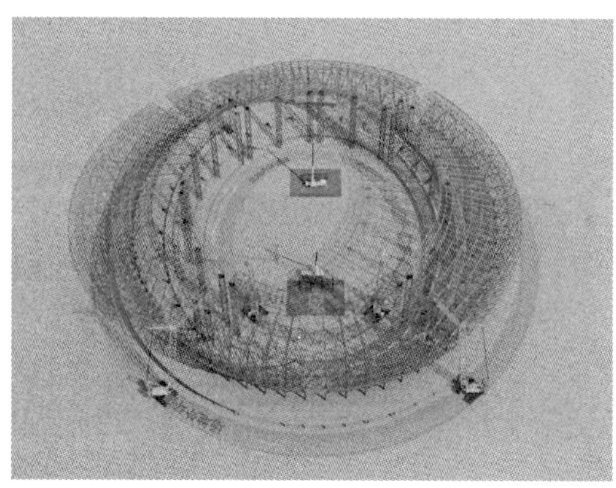

图 4-29　钢结构施工方案模拟

（11）异形幕墙施工 BIM 技术一体化应用

项目前期，利用 CATIA 软件对罩棚幕墙板块及支座连接方式进行建模深化，并在 ANSYS 软件中对连接支座进行受力分析；深化设计完成后进行工厂化预制加工，现场拼装。幕墙板块吊装时，在模型中确认理论的板块空间安装点坐标，再与现场实际坐标对比调整，减小钢结构焊接变形误差的影响。异形幕墙 BIM 技术的一体化应用，降低了施工难度，提高了幕墙板块的安装效率。

4.5.4　BIM 应用效果总结

1. 项目实际应用问题的应用效果总结

（1）深化设计：奥体中心项目利用 BIM 技术使各参建单位提前介入，进行各专业协同，解决图纸问题 305 处，优化设计节点 65 处，为项目部提供可靠技术准备，使图纸问题对施工的影响几乎为零。

（2）方案优化：利用 BIM 技术进行模拟优化，确保各项施工方案的合理性，有效提高了沟通效率和施工质量。

（3）测量定位：利用测量机器人进行测量定位，解决钢构幕墙空间测量定位难的问题，缩减放线劳动力成本，大幅提高了测量精度和放线效率。

（4）协同管理：通过云平台的协同管理，实现多方信息的交流与共享，增强项目管理协调能力。

（5）预制加工应用：基于 BIM 技术辅助预制加工等应用，有效提高加工精度，减小施工误差，避免了材料的浪费，节省了大量费用。

2. BIM 应用方法总结

（1）形成 BIM 技术在施工总承包管理模式下的应用流程，包括建模标准、BIM 模型管理标准、BIM 技术应用实施方案、实施流程、深化设计方案在内的相关技术标准流程。

（2）制定 BIM 实施方法，包括 BIM 工作管理方案、文件会签制度、BIM 例会制度、质量管理体系四项管理制度，保证本工程BIM技术的实施。

（3）项目创建和积累参数化构件56种，并上传至企业级管理平台，丰富了公司BIM资源库。公司将各个项目收集的族文件整理为企业级BIM族库共计289个，在集团公司内部分享，大大减少了今后项目建模所需时间。

（4）BIM人才培养总结：本工程BIM技术的应用实施，达到了预定的应用目标，为公司培养了一批BIM应用骨干人员，见表4-13。

BIM应用骨干人员 **表4-13**

软件名称	功能	培养人员数量
Autodesk Revit2014	土建、机电全专业设计建模	20
Tekla 19.0	钢结构建模	10
CATIA P3 V5R21	幕墙建模	5
Rhinoceros 5	设计模型浏览	3
Navisworks Manage2014	数据集成，模型空间碰撞检查	20
Synchro Project2013	进度模拟，4D进度管理	2
天宝	机器人测量放线	5
Fuzor 3DMax Lumion6.0	协同漫游、动漫渲染	5
Midas Ansys15.0	结构受力分析	2

对话项目负责人——赵文钰

赵文钰：现任陕建五建集团三公司BIM小组副组长，咸阳奥体中心项目总承包BIM工程师，负责本项目土建BIM模型创建及项目整体BIM工作推进。项目获得第三届中国建筑业协会BIM大赛卓越工程一等奖、第六届中国图学会“龙图杯”BIM大赛施工组优秀奖等多项大奖。

1.咸阳奥体中心项目的BIM应用中，BIM团队的组建有哪些经验值得借鉴？

项目初期配备专门的团队完成BIM应用，以及对项目管理人员的BIM应用培训，后期由项目管理人员自行进行BIM应用。总包BIM负责人、各专业BIM负责及BIM工程师由项目管理人员兼职，项目BIM管理部由总包和分包BIM小组共同组成，人员数量由专业分包工程量大小情况而定，各专业分包单位BIM小组在项目总包BIM负责人的统一管理下开展相关工作。

BIM团队工作职责如下：总包BIM团队负责BIM模型规则制定、应用检查和过程服务，以及各专业小组的协调工作。在BIM模型的各组成之间开展碰撞检测，并推荐解决碰撞的方法，协同项目部进行施工管理，解决现场实际问题。各专业BIM团队参与协调各专业间的模型图纸工作，负责模型图纸的审核工作、工程施工模拟等日常工作指导，定期进行复查。土建BIM工程师负责土建专业BIM建模、模型应用、深化设计等工作，主要提供完整的建筑信息Revit模型，以及配合必要的节点出图工作，指导现场施工。机电BIM工程师负责对工程的安装专业进行建模、管线综合深化设计、管路的设计复核等工作，以及配合必要的出图工作，指导现场施工。钢结构BIM工程师负责钢结构专业创建BIM模型，为钢结构加工提供数字化加工图纸，并根据现场情况进行必要的吊装施工模拟。幕墙BIM工程师负责幕墙专业BIM模型创建，为钢结构加工提供数字化加工图纸，并根据现场情况进行必要的幕墙定位安装施工模拟。

项目管理人员BIM工作职责如下：项目经理负责领导并审核BIM管理部的各项工作，掌握BIM工作进展，及时获知BIM数据并判断，解决BIM管理部与外单位的协调事宜。项目总工负责全面协调BIM工作各项事宜，协助BIM管理部收集项目各类BIM需求，对BIM数据及成果进行分析判断，保证各项管理工作的顺利开展。生产经理负责协调BIM在现场、进度、平面管理中的各项事宜，收集现场管理中的BIM需求，学习并掌握BIM模型的使用方法，及时反馈BIM模型与现场的对比情况及BIM数据的正确性。商务部经理负责BIM在商务管理中的各项工作，提供工程量、造价等方面的数据支持，学习并掌握BIM数据的使用和对比分析方法，协助BIM管理部对模型精度进行完善。项目管理人员需要学习并掌握BIM模型的使用方法，使用并分析BIM模型和相关数据，对现场情况作做出及时调整，同时需要收集管理过程中的BIM需求并反馈至BIM小组。

2.咸阳奥体中心项目的BIM应用过程遇到了哪些阻力，是如何解决的？

没有统一BIM规范流程、缺乏专业BIM人才和BIM软件功能单一且相互之间不兼容是BIM技术在奥体中心项目落地应用技术性障碍因素。在解决过程中，项目依据现有规范及企业标准，编制项目BIM实施策划书，作为项目BIM应用落地的标准；项目编制详细的培训计划，由集团公司内部人员或社会专家对项目员工进行BIM培训，增强BIM人员的软件操作能力和应用能力，从而促使全员参与；项目总包根据各专业特点，选择合适的建模软件，如土建、机电专业选择Revit软件，钢结构专业使用Tekla软件，幕墙选择CATIA软件，各专业间的协同应用选择Navisworks进行整合，利用EBIM平台实现大数据轻量化及协同应用，并通过召开BIM协调会等方式进行各专业协同。

奥体项目有其自身的特点，工期短、任务紧等，CAD技术可以有效地满足这一点。但是BIM软件在项目初期应用中，因为需要纳入建筑项目的数据，提高项目设计品质，这一点就需要花费大量的时间，成本高、投入产出不明显。在解决过程中，奥体项目结合自身特点，前期分析出项目施工重点难点，并根据BIM技术各个特点以解决工程难题为主，慎重选择BIM应用点，对于成熟的技术层面的应用点，项目部大力推广，如：三维场布平面管理、创优策划、样板策划、图纸深化设计等，最终形成以点状应用为单元的标准化集成应用。对于比较主流的应用点，如预制加工、空间测量定位等也进行系统的应用，解决了钢结构、幕墙、机电管线材料加工难度大的问题，提高加工精度和施工效率，空间测量定位解决圆弧测量定位难的问题，效果极佳。对于比较前沿的BIM技术，项目部也进行了探索应用，为以后的推广普及打下坚实基础。

3.项目总结了哪些BIM实践经验，对陕西五建今后的BIM发展起到哪些作用？

项目应用BIM技术，通过申领集团公司课题，最终形成BIM技术在施工总承包管理模式下的应用流程，包括建模标准、BIM模型管理标准、BIM技术应用实施方案、实施流程、深化设计方案在内的相关技术标准流程。同时也形成BIM实施方法，包括

BIM 工作管理方案、文件会签制度、BIM 例会制度、质量管理体系四项管理制度，保证本工程 BIM 技术的实施。还培养积累一批 BIM 人才，达到了预定的应用目标。

通过奥体项目 BIM 技术的实施，在客观上推动了工艺和管理的标准化、流程化，在一定程度上推动了精准施工，推动企业精细化管理。同时展示了集团公司技术实力，弘扬了企业品牌，产生一定的社会效益。奥体项目在投标阶段，特别对于这种异形结构，BIM 技术发挥出巨大的价值，辅助企业市场开拓，适应建筑行业的发展需求，促进了企业的转型升级、改革发展。

4. 对于项目上的 BIM 组织工作方式，您有哪些建议？

在项目中成功应用 BIM 技术，为项目带来实际效益，项目首先应成立 BIM 团队，并应该事先制定详细和全面的策划。像其他新技术一样，如果经验不足，或者应用策划不到位，项目应用 BIM 技术可能会带来额外的实施风险。BIM 组织策划的内容应该包括：BIM 应用目标、BIM 团队组织角色及人员配备、应用流程、信息交换方式、协作规程、模型质量控制规程、基础技术条件需求等。

BIM 总体目标是 BIM 策划制定的第一步，一般为提升项目施工效益，如缩短工期、提升工作效率、提升施工质量、减少工程变更等。目标也可以是提升团队技能，如通过示范工程提升施工各分包之间，以及与设计方之间信息交换的能力。一旦项目团队目标确定好了，从企业与项目的角度，BIM 应用效益就有了评估的依据。

BIM 应用流程是确保 BIM 技术顺利实施的先决条件，项目应该建立 BIM 应用总流程图，按照项目实施顺序调整 BIM 应用顺序，建立总图的目的之一就是标示项目每个阶段（施工深化、施工管理、竣工验收）的 BIM 应用，使团队成员清楚每个阶段应用重点。流程图也是为每项 BIM 应用任务确认责任方，不管在哪种情况下，都应该考虑用最胜任的团队来完成相关任务。

BIM 的信息交换对于 BIM 应用也至关重要，应采用规范的方式，在项目的初期定义信息交换的内容和细度要求。项目应该定义一张总的信息交换定义表，也可以根据需求按照责任方或分项 BIM 拆分成若干个，但应该保证各项信息交换需求的完整性、准确性。

BIM 应用基础条件也是 BIM 策划的一部分，包括：合同条款、沟通方式、基础技术环境、质量控制过程等。施工团队应该制定合适自身团队特点的任务协作策略，并建立支持协作过程的软件系统。协作策略包括：沟通方式、过程文件传递和记录存储管理方法等，质量控制贯穿于整个 BIM 应用过程，每个专业分包团队对各自专业的模型质量负责，也应该加强质量的监管制度，提升 BIM 工作的整体质量。

4.6　徐（州）盐（城）高速铁路盐城特大桥 BIM 应用案例

4.6.1　项目概况

1. 项目基本信息

徐（州）盐（城）铁路项目由中铁四局集团第二工程有限公司与中铁四局集团钢结

构建筑公司共同承建。盐城特大桥主桥为跨新洋港斜拉桥，桥梁跨径布置为主（72＋96＋312＋96＋72）m，线路与新洋港基本正交，主跨与新长线铁路最小距离22m，最大距离95m，桥梁跨越处河道水面宽240m左右。钢桁梁长度650.6m，主塔塔高128.5m，结构为半漂浮体系。钢桁梁节间距12m，全桥共54个节间，主桁高度14m，两主桁中心距15m（图4-30）。

图4-30 盐城跨新洋港斜拉桥效果图

2.项目难点

（1）本工程是徐盐铁路项目跨度最大、结构最复杂、施工难度最大的桥梁。

（2）桥址位于城郊，拆迁任务重。

（3）主跨钢桁梁结构纵多、预制安装施工精度要求高。

（4）索塔、斜拉索和钢桁梁交叉施工，施工组织难度大，以常规手段难以保证工程质量和进度。

3.应用目标

诸多因素决定了本项目应用BIM技术、探索BIM技术的必要性。BIM技术在本项目的应用主要在设计和施工阶段，设计阶段包括土建结构参数化建模、钢结构深化设计；施工阶段主要包括BIM与GIS整合应用，倾斜摄影、三维可视化应用及安全质量进度管理。

4.6.2 BIM应用方案

1.BIM应用内容

结合本公司BIM发展战略及项目特点，在精细化建模的基础上本工程主要从以下四个方面应用BIM技术：

（1）BIM模型算量：根据模型统计各构件工程量，进行施工图复核。

（2）征地拆迁：将 BIM 模型与 GIS 整合，高效完成施工调查与征地拆迁。

（3）钢结构应用：钢结构深化设计、数字化加工制造、物料追踪及临建设计。

（4）项目管理应用：三维可视化技术交底、施工方案工艺推演、施工进度模拟及平台研发。

2. BIM 应用策划

（1）软件配置（表 4-14）

软件配置　　　　**表 4-14**

软件类型	软件名称	保存版本
BIM 深化设计及建模软件	Autodesk Revit	2016
	Tekla	2016
二维绘图软件	AutoCAD	2016
模型整合、协调、模拟软件	Navisworks Manage	2016
动画制作软件	Lumion	6.0
过程管理软件	云建信 4D-BIM	—
结构检算软件	Midas Civil	2015

（2）组织架构与分工

本项目 BIM 研究应用组长由中铁四局集团有限公司总工程师担任，管理研究院牵头，云建信、二公司 BIM 中心与项目部联合成立 BIM 工作室，组建成 BIM 团队，定期组织 BIM 技术应用推进会，解决 BIM 实施过程中的问题。

（3）应用顺序

1）组织相关人员参加 Autodesk 软件培训，建模人员须按照 4D-BIM 与 Revit 模型交互建模规范搭建模型，以保证模型导入 4D-BIM 的可行性。

2）建立桥梁参数化族库，搭建场地、结构专业模型。

3）将 BIM 模型与 GIS 正摄图、实景模型整合，高效完成施工调查。

4）钢结构深化设计，提前发现设计缺陷；数字化加工制造，降低材料损耗。

5）将模型与施工进度进行模拟，优化施工组织。

6）将模型与使用信息整合到虚拟环境，生动、形象展示施工场景。

7）应用 4D-BIM 平台解决进度管理、工况管理及安全质量管理等问题。

4.6.3　BIM 实施过程

1. BIM 应用准备

（1）参加专业 BIM 培训：组织公司 BIM 中心与项目 BIM 工作室员工参加专业 BIM 软件培训公司举办的 Autodesk 软件培训和 Bentley 软件培训。

（2）建立桥梁参数化族库：根据设计图纸及施工方案，利用 Revit 软件创建桥梁钻孔桩、承台、墩身、简支梁、连续梁及索塔族，并利用尺寸标注关联参数，完成铁路桥梁 BIM 族库的建设。

2. BIM 应用过程

（1）BIM 模型算量研究：开展了 Revit 项目中利用明细表功能按族类别、混凝土强度等级等方式统计混凝土结构的方量。钢筋算量有两种方式：一是通过创建钢筋模型，数量统计准确，但模型较大，对硬件要求较高；二是在模型中添加钢筋信息参数，计算方便、快捷，但统计的是设计数量（图 4-31）。

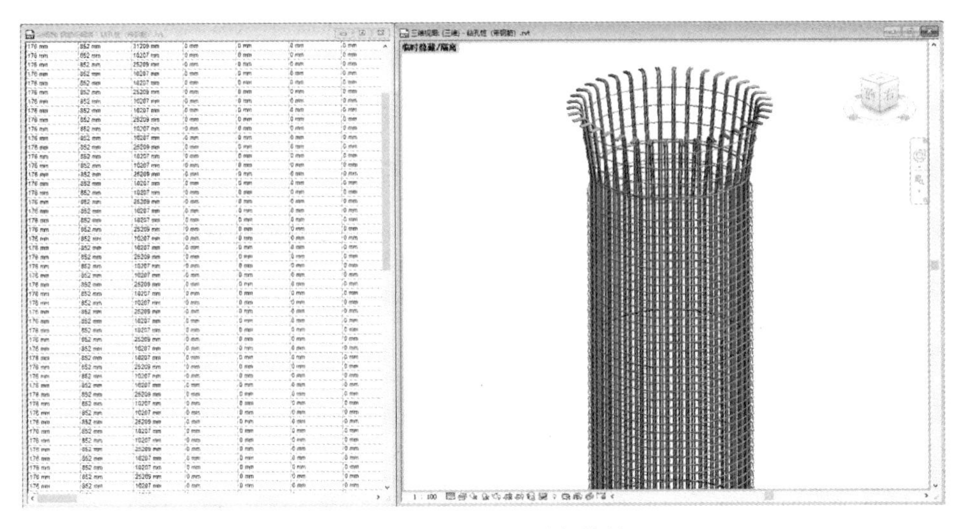

图 4-31　基于 BIM 进行算量

（2）BIM+GIS 应用

1）BIM 与谷歌地球整合应用：项目前期，施工调查和场建规划需消耗大量人力、物力，采用 BIM+GIS 技术来助力施工调查和场建等工作将显得尤为关键。

2）倾斜摄影技术应用：借助 BIM 技术，可在 Google Earth 中规划好线路，再借助无人机实景建模技术，将现场实景建成三维模型，可将场建模型与实景模型进行整合，对施工现场便道布设和行车路线规划等工作具有显著效果（图 4-32）。

图 4-32　现场倾斜摄影实景模型

（3）钢结构 BIM 应用

1）深化设计：利用 Tekla 软件对钢结构部分进行深化设计，预拼装进行碰撞检查，发现图纸存在 86 处错误，及时与设计单位沟通，最大限度地减少因图纸错误造成的损失，杜绝返工浪费现象（图 4-33）。

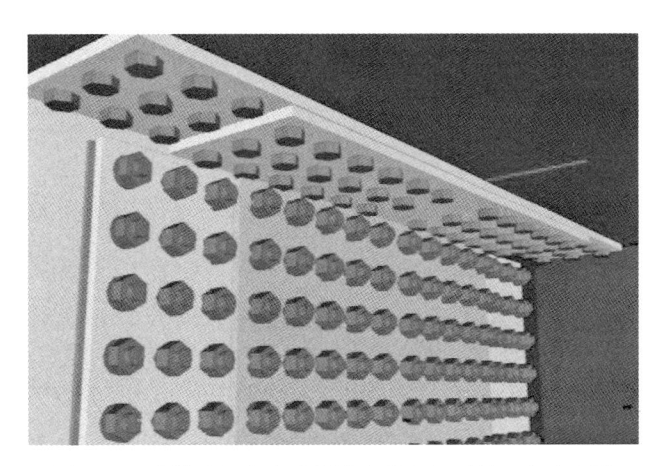

图 4-33　建模过程中发现螺栓安装空间不够，存在碰撞

2）加工制造

① 板材套料：利用 Tekla 软件将深化后模型输出数控文件，并利用 SmartNest 软件进行自动排版套料并生成 NC 文件，将 NC 文件导入数控机械进行板材自动切割。

② 杆件管理：从构件生产开始，二维码标签便固定于构件上，通过手执 APP 扫描二维码，完成从设计到施工全程信息的绑定与追踪。

③ 数字化预拼装：通过可视化模拟拼装过程，指导工厂拼装及检验拼装构件质量（图 4-34）。

图 4-34　基于 BIM 模型预拼装

（4）项目管理应用

1）三维可视化交底：创建施工工艺模拟动画，让施工各参与方直观、形象地了解

施工工艺流程。基于项目 BIM 需求与云建信公司联合研发了 3D 作业指导书平台。以工艺流程为主线，每一道工艺一个模型，在查看模型的同时，可方便、快捷了解工序作业要点、所需资源配置、注意事项及质量控制要点等。通过建立三维模型，直观快捷的让工程技术人员对斜拉桥主体建立深刻的印象（图 4-35）。

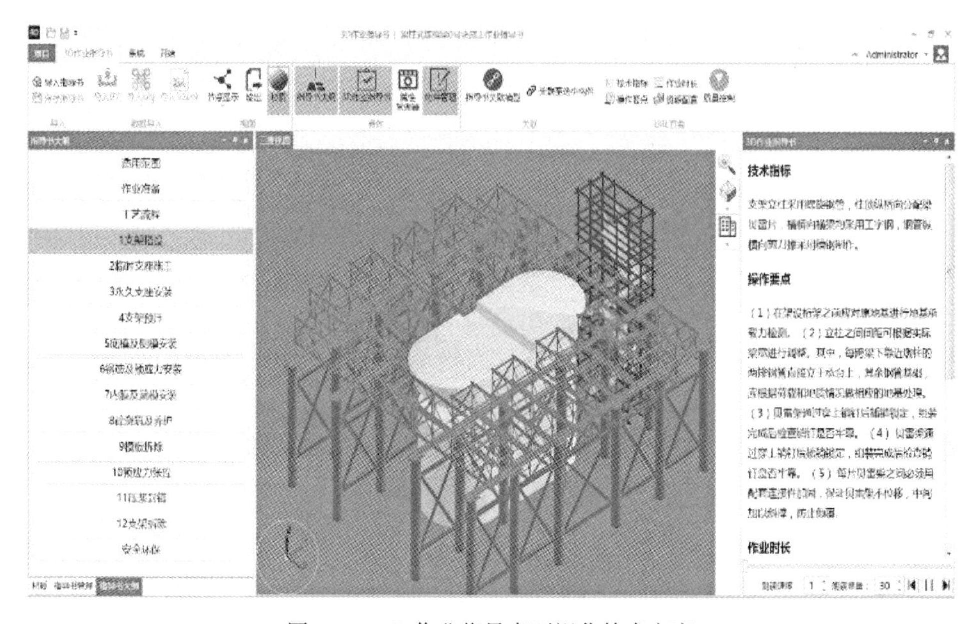

图 4-35　3D 作业指导书可视化技术交底

2）施工方案模拟：通过三维施工模拟加文字的方式来表达，工程技术人员既能够快速理解编者意图，也能够全面掌握方案中的重难点，能更快、更好地落实方案，杜绝施工现场和施工方案的不一致等问题，显著提高项目管理水平（图 4-36）。

图 4-36　钻孔桩施工模拟

3）Navisworks 应用：通过模型附加到 Navisworks 软件，并关联进度计划，让模型按进度进行虚拟建造，使得项目管理人员在提前预测项目建造过程中每个关键节点的施工现场布置、大型机械及措施布置方案，做到前期指导施工、过程把控施工、结果校核施工，实现项目的精细化管理（图 4-37）。

图 4-37　施工进度方案模拟

4）虚拟体验：将整合后的模型导入 Unity 软件中，并添加模型信息、交互方式等内容，项目各参与方带上 VR 眼睛后即可查看项目建造过程及建成后的虚拟场景，增强了项目参建方的成就感及使命感。

5）4D-BIM 平台应用

① 进度管理：通过 BIM 技术平台，导入三维模型可以通过色彩区分和上传实际照片等方式来掌握进度，管理者只需查看模型颜色变化，或者通过查看附件照片等形式，就可及时直观了解项目实际的进度，对项目进行动态管理，有效减少工期延误的情况发生（图 4-38）。

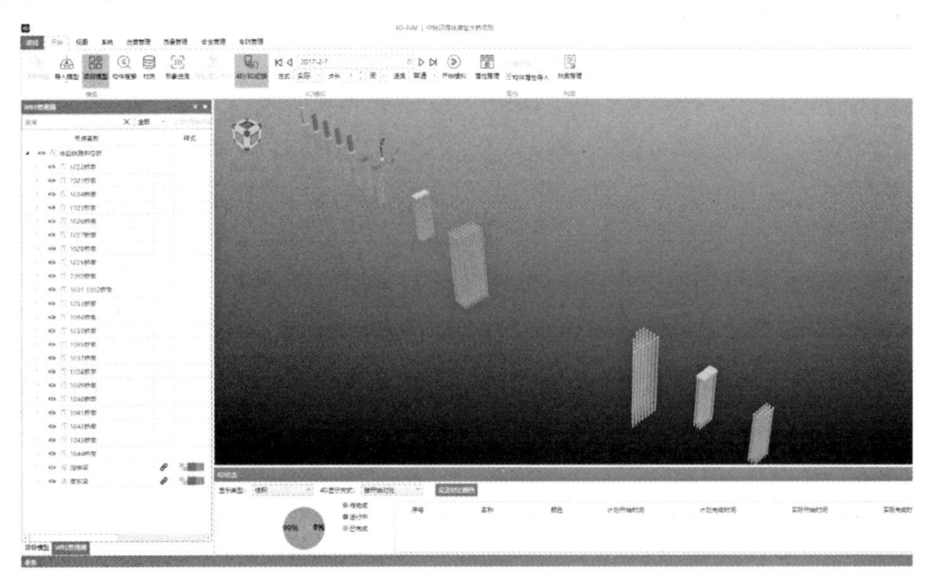

图 4-38　施工进度管理

通过施工现场工作人员持有手机等移动端上传现场安全问题，由后台管理者安排专业人员对问题进行处理通报，现场施工进行整改，消除安全隐患，形成闭环式管理，防止隐患错漏，减少事故发生，提升企业安全文化氛围。

②工况管理：施工过程中工况信息的录入查询分析及管理，以及关键工况对应的重点杆件应力的监控，并通过平台实现信息共享及公司远程监控（图 4-39）。

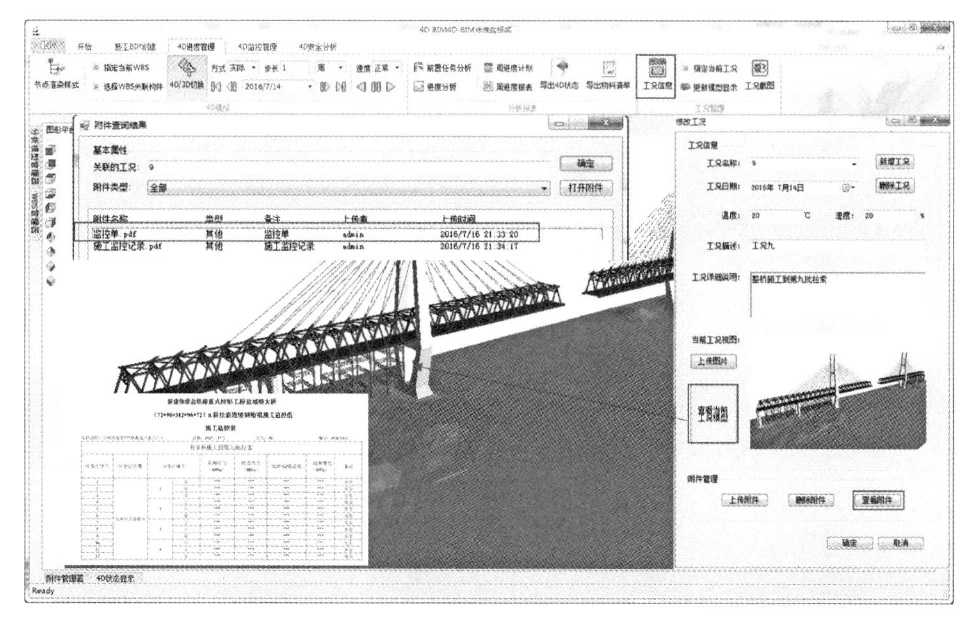

图 4-39　工况管理

③ 安全监控管理：应用 BIM 技术建立了 4D 空间模型，通过在临近边坡和深基坑四周预埋电容式静力传感器，形成了基坑三维在线安全监控系统，对基坑开挖中的形变、沉降、位移进行监测，测试数据无线上传、实时更新，实现深基坑和即有线路的全方位、全过程安全监测。

④ 过程质量信息集成：通过 4D-BIM 平台模型与资料进行关联，便于施工过程、验收及运维阶段文档管理及追根溯源。

4.6.4　BIM 应用总结

1. 项目实际应用问题的应用效果总结

通过 Revit 软件搭建了铁路桥梁结构参数化族库；将 BIM+GIS 用于施工调查与征拆并申报了发明专利；基于钢结构深化和加工制造，解决了钢构件人工排版耗时长、易出错的难题；开发的 4D-BIM 平台具有进度管理、工况管理、安全监控管理和过程质量信息集成等众多功能，切实提高了项目管理水平。

2. BIM 应用方法总结

（1）通过 Revit 软件模型算量研究，实现了桥梁单体结构的混凝土算量和钢筋算量功能，但在项目级模型算量和汇总方面还有很多需要深化、细化研究的内容。通过钢桁梁的深化设计和优化设计凸显了 BIM 技术的优越性，鉴于 Tekla 在钢结构方面的算量具有快速、精细、准确等优势，拟在公司承建的钢结构项目施工中全面推广应用。

（2）BIM 平台的研发从需求调查到测试开发需要很长的周期，国内在 BIM 技术研发方面的人员又非常紧缺，试点项目上马后各级领导迫切希望能够尽快出成绩、要成果、见效益，如果企业的 BIM 技术研究应用者和平台开发公司能够联合成立工作室集中办公，将会明显提高沟通效率、有效缩短平台研发周期。

（3）BIM 人才培养总结：参加 BIM 技术研究应用的公司专职人员和试点项目的实施人员在软件应用方面都有了长足的进步；但试点之外项目工程技术人员的成长非常缓慢，BIM 技术在企业推广还需要更多的成功案例来引领，需要更丰富的培训教育手段来支撑。

对话项目负责人——杨铭、任世朋

杨铭：中铁四局集团管理研究院执行副院长，教授级高级工程师，中铁四局集团一级工程技术专家。从事工程施工技术管理工作 20 余年，取得省级科技进步一等奖一项、三等奖一项、中国铁路总公司科技进步二等奖一项、中国铁道学会科学技术三等奖一项；2015 年 8 月担任管理研究院执行副院长，从事 BIM 技术及信息化管理研究工作，并在信息化专业杂志上发表论文六篇。在 BIM 技术应用、推动信息化技术发展等方面贡献突出，特别是自主研发的隧道安全智能监控系统、3D 作业指导书系统以及无人机实景建模技术应用，在项目上应用效果显著；同时，在全局范围内，大力倡导 BIM 技术的实用性，开展多种 BIM 软件培训（Revit、Takla、Catia、Civil3D），促进 BIM 技术应用落地，为全局 BIM 的广泛发展奠定了坚实的基础，是中铁四局集团信息化专业的专家人才。

1. 您认为 BIM 技术在线性工程领域的应用应该侧重于哪些方面？

BIM 技术在线性工程领域的应用应侧重于项目招标投标、临建及施工调查和施工阶段。首先，在投标阶段，建立项目 BIM 模型，通过 BIM 模型展现各项工程技术信息、交通疏解与道路翻样交底方案，提高标书的创新性和展现力，以空间的直观表现、准确的结构数据、精细的临建设施设计，提高投标书的质量，充分表现施工单位的技术实力和对拟投标项目的设想。其次，在临建规划及施工调查阶段，可通过导入 CAD 或 PDF 图纸的方法，使用 BIM 软件建模，快速完成临建规划和施工部署的三维展示。同时，结合 Lumion 或 3Dmax 软件进行渲染，生成美观的照片级效果，再将施工方案三维立体化、动态漫游化，体现出临建规模。各类 BIM 模型可以作为施工动画模型的基础，经过 UV 材质贴图和场景处理后，可增强三维渲染效果的质感，给管理人员更为直观的感受，大大提升沟通效率。第三，在施工阶段的应用主要体现在：一是可以在 Google Earth 中规划好线路，借助于无人机实景建模技术，将现场实景建成三维模型，可将场建模型与实景模型进行整合，对征地拆迁和施工进度管理等工作具有显著效果；二是利用 Tekla 软件对钢结构部分进行深化设计，预拼装进行碰撞检查，最大限度的减少因图纸错误造成的损失，杜绝返工浪费现象。同时，Tekla 软件、SmartNest 软件结合应用进行自动排版套料并生成 NC 文件，将 NC 文件导入数控机械进行板材自动切割；三是应用二维码信息技术，构件从生产开始，二维码标签便固定于构件上，通过手执 APP 扫描二维码，完成从设计到施工全程信息的绑定与追踪；四是施工方案通过三维施工模拟加文字的方式来表达，工程技术人员既能够快速理解编者意图，也能够全面掌握方案中的重难点，能更快更好的落实方案，杜绝施工现场和施工方案的不一致等问题，显著提高项目管理水平；五是可将整合后的模型导入 Unity 软件中，并添加模型信息、交互方式等内容，项目各参与方戴上 VR 眼镜后即可查看项目建造过程及建成后的虚拟场景，提升了与项目参建各方的沟通效率。

2. 徐盐高速铁路项目的 BIM 实践对中铁四局今后的 BIM 发展起到哪些作用？

在体系建设方面。徐盐铁路从中标开始，就针对项目级 BIM 技术应用系统性解决方案提出了构想，先后制定了 BIM 建模标准、WBS 分解、模型族库等多项 BIM 应用基础数据，确立了《项目级 BIM 技术应用实施指南》等纲领性文件，为中铁四局后续的项目级 BIM 技术应用提供了丰富的资源积累。

在理论研究方面。徐盐铁路跨新洋港斜拉桥 BIM 技术应用的成功实践，为四局在大跨度、重难点桥梁中应用 BIM 技术提供了理论支撑，提升了中铁四局在高、新、尖桥梁建造中的科技水平和企业竞争力。同时，在本项目实施过程中，先后培养了 10 余名 BIM 专业技术人才，为四局从事此类工程提供了人才保障。

在社会效益方面。徐盐铁路新洋港斜拉桥工期紧、难度大、风险高，全过程应用 BIM 技术，提高了工程管理效率，确保了工程进度有序开展，保证了工程的安全质量，减少了因返工造成的损失，一定程度上节约了工程成本，提高了企业的精细化管理能力和社会影响力。

任世朋：中铁四局集团第二工程有限公司工程信息中心主任，高级工程师。从事工程技术管理工作 10 余年，取得中国铁路总公司科技进步二、三等奖各 1 项、中国铁道学会科学技术二等奖 1 项、中国施工企业管理协会科学技术奖一等奖 1 项。2016 年 2 月担任中铁四局集团第二工程有限公司 BIM 中心主任，从事 BIM 技术及施工管理信息化研究工作。主持了 BIM 技术在徐州大吴桥项目中的应用、BIM 技术在徐盐高铁新洋港斜拉桥中的应用等科研课题，获国家授权专利 8 项、发表学术论文 7 篇，组织编制了《BIM 三维建模教程》专著。

1. 徐盐高速铁路项目的 BIM 应用过程遇到了哪些阻力，是如何解决的？

徐盐高铁项目 BIM 应用过程先后遇到了诸多问题，有经济、人力资源和技术层面的。首先是经济上的阻力，BIM 试点研究应用的软件均为正版，建模应用的工作站、航拍用的无人机等硬件费用不菲。徐盐高铁项目 BIM 研究应用资金，主要依靠施工单位自筹以及科研立项的方式提供资金来源，资金投入是长期的、漫长的过程，尤其是处在初期阶段的 BIM 技术研究工作，小投入、小成果，大投入、大成效，如何让领导层舍得投入？值得深入研究。我们的做法是 BIM 技术研究应用的可视化发挥到极致，及时开展专利申报和成果总结工作，在保护知识产权的同时，把好用的、能用的、易用的成果成功推广普及，让领导们感觉到 BIM 技术研究应用“有创新、有进展、看得见、可复制”，在 BIM 技术研究应用方面的资金投入“可追加”。其次是人力资源上的阻力，不同专业的人才群体组成了具有创新能力的创新队伍，科技人才队伍是科技创新的主体，也是科技发展的关键。想单独依靠项目人员或者公司原有岗位的人员兼职搞 BIM 研究应用，是难以推进和总结成果的，有限的投入产生有限的效果，尤其是人力资源方面，“兼职”人员有更多的、更重要的事情要做，难以全身心地投入，特别是当前“工学矛盾”如此尖锐，学习应用都成问题，“创新”就更难了。为解决 BIM 技术研究应用过程中人力资源的难题，局层面成立了“管理研究院”，公司成立了“BIM 中心”，项目成立了“BIM 工作室”，“专人、专职”围绕徐盐高铁项目开展 BIM 技术研究应用工作，团队协作、难点突破、总体跟进。第三是技术层面的阻力，如果说“钱”和“人”的问题都能通过短期的投入解决和赶超，那么技术就是核心力量，靠的是学习积累、创新实践，知识沉淀有明显的时间效应，欲速则不达。局、公司和项目层面联合攻关，围绕徐盐高铁 BIM 技术研究应用，开展了多方调研，逐步摸清了什么软件有什么功能，付诸实施后达到什么效果，软件开发工作稳步推进。根据管理痛点找差距，看清差距提需求，根据需求搞开发，这是我们围绕徐盐高铁项目开展 BIM 技术研究应用总结的技术路线。

2. 徐盐高速铁路项目的 BIM 实践给同类型项目带来了哪些可借鉴之处？

徐盐高铁项目作为中铁四局首次应用 BIM 技术的高铁项目，可以为同类型项目提供五个方面的实例参考。一是公司高层应有应用新技术的意识，具备高精尖和具有重难点项目是新技术的天然应用载体，因为这样的项目对技术和管理的要求都非常高，依靠传统方法难以实现目标，需要借助新的技术手段和解决方案来解决问题获得效益。BIM 技术作为建筑业新技术的代表，要想在建筑企业推广应用，离不开公司高层领导的支持，不仅仅是言语上的鼓励，更需要行动上的支持，不限于政策的引导、软硬件的配置、组织机构的成立、人员的配备，还有走出去的思想，主动与高校、软件公司寻求合作。二是项目管理人员应有尝试新技术的胆量，人到中年对新事物往往持怀疑态度，对 BIM 技术的推广应用处于被动状态，建筑业多少年都是这么过来的，一句“我很忙啊，真的没有时间啊”，不愿意了解、不愿意跟进，针对这种状况离不开政府和行业主管部门的政策支持，项目管理中 BIM 技术非用不可，来自业主和公司的压力让他们无处可躲，唯有 BIM 技术对管理工作带来的便利方能驱动他们主动跟进、勇于尝试方能体会管理的高效。三是项目技术人员应有应用新技术的能力，无论是 BIM 建模软件的掌握还是相关平台的普及应用，都离不开技术的先行先试、离不开人员的培训培养、离不开技术的研究与研发。对于那些没有参加培训就说“我不会”的技术骨干们，我想说“你都没试，怎么知道自己不行？”BIM 三维建模技能也好，BIM 技术解决方案也好，没有实打实的充足培训，技术人员没有掌握又怎能发扬光大呢。徐盐高铁项目先后通过 BIM 软件集中培训、专家老师答疑解惑、视频录屏自学、BIM 成果交流等方式向管理人员介绍推广 BIM 技术，让管理人员对 BIM 的认知逐步加深，对软件的操作逐步熟练。四是当今技术创新是“融合创新”，BIM 技术对新技术的涉及更为宽泛，离不开软件公司、高校的智力支持，徐盐高铁项目实施前，组织铁科院、广联达、清华大学、云建信等单位的 BIM 专家对本项目的 BIM 策划方案进行评审，实施过程中派人驻项目实施推进，每周一下午远程视频会议协商解决各类软件开发问题。五是经项目实践证实的 BIM 技术应用点如下，采用 BIM+实景建模+GIS 技术进行前期施工调查、场地规划，辅助征地拆迁和进度管理工作；利用 Revit 和 Tekla 软件对设计图纸进行深化设计、碰撞检测及加工制造；利用 4D-BIM 平台对项目进度、安全、质量进行协同管理；利用 BIM 三维可视化功能实施三维交底、施工推演和虚拟体验。

编　后　记

《建筑业企业 BIM 应用分析暨数字建筑发展展望（2018）》秉承客观公正、科学中立的原则和宗旨，充分调研了现阶段我国建筑业 BIM 应用现状、存在问题以及发展趋势，针对建筑行业在 BIM 应用上面临的典型问题和主要困惑，我们走访了一批行业资深 BIM 研究专家、建筑企业的管理高层、总包的项目部管理层以及一线的 BIM 中心领导，结合实际应用案例，系统总结了建筑企业管理和 BIM 技术的结合方式，为建筑业企业推广 BIM 技术应用落地提供了理论和实践指导，对推动企业的精细化管理和信息化建设具有重要意义。

本报告的调研分为问卷调研、专家视角和项目案例三种形式。问卷调查的所有分析和结论主要基于我们对参与前三届中国建设工程 BIM 大赛的企业为主的 626 份调研问卷数据。专家观点的内容则完全基于我们对 5 名专家的深度访谈，尽可能完整地呈现各个专家的观点。同时在前三届中国建设工程 BIM 大赛的参赛作品中，我们根据企业性质、项目规模、项目类型、项目特点等诸多方面精选出了 6 个应用 BIM 技术的优秀项目，通过实际项目的介绍从不同角度为读者提供 BIM 技术应用的经验与方法。

感谢中国建筑科学研究院有限公司总经理许杰峰，清华大学教授马智亮，湖南省建筑工程集团总公司副总经理陈浩，广联达科技股份有限公司副总裁、BIM 业务负责人汪少山，中国建筑第八工程局有限公司 BIM 工作站站长姚守俨等专家参与并指导完成专访观点的梳理工作。

全书统稿工作由中国建筑业协会指导，并与广联达科技股份有限公司共同完成。在本书编写过程中，中国建筑业协会与广联达科技股份有限公司承担了大量的调查研究、专家访谈、资料整理等工作，在此表示衷心感谢！

由于时间仓促，疏漏之处在所难免，恳请广大读者批评指正。

本书编委会